小学 **5** 年生
算数

学校の先生がつくった！

テスト式！
点数 **UP** アップ
ドリル

学力の基礎をきたえどの子も伸ばす研究会

川岸 雅詩 著　金井 敬之 編

フォーラム・A

めざせ
100点♪

コピー
OK！

ドリルの特長

このドリルは、小学校の現場と保護者の方の声から生まれました。

「解説がついているとできちゃうから、本当にわかっているかわからない…」

「単元のまとめページがもっとあったらいいのに…」

「学校のテストとしても、テスト前のしあげとしても使えるプリント集がほしい！」

そんな声から、学校では**テスト**として、また**テスト前の宿題**として。ご家庭でも、**テスト前の復習や学年の総仕上げ**として使えるドリルを目指してつくりました。

こだわった２つの特長をご紹介します。

> ①やさしい・まあまあ・ちょいムズの３種類のレベルのテスト
> ②各単元に、内容をチェックしながら遊べる「チェック＆ゲーム」

テストとしても使っていただけるよう、**観点別評価**を入れ、レベルの表示も🌸で表しました。宿題としてご使用の際は、クラスや一人ひとりの**レベルにあわせて配付**できます。また、遊びのページがあることで楽しく復習でき、**やる気**も続きます。

テストの点数はあくまでも評価の一つに過ぎません。しかし、テストの点数が上がると、その教科を得意だと感じたり、好きになったりするものです。このドリルで、**算数が好き！得意！**という子どもたちが増えていくことを願います。

- -

キャラクターしょうかい

みんなといっしょに算数の世界をたんけんする仲間だよ！

ルパたん
アルパカの子ども。
のんびりした性格。
算数はちょっとだけ苦手
だけど、がんばりやさん！

ピィすけ
オカメインコの子ども。
算数でこまったときは助けて
くれて、たよりになる！

使い方

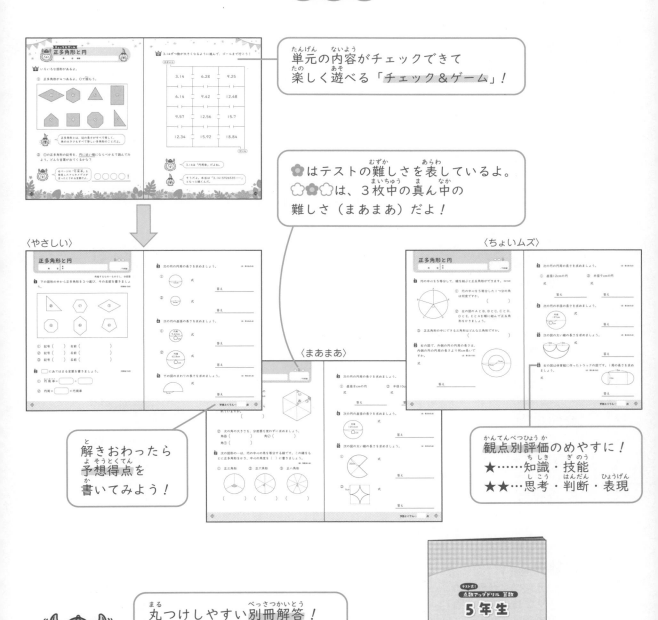

単元の内容がチェックできて
楽しく遊べる「チェック＆ゲーム」！

❀はテストの難しさを表しているよ。
❁❀❁は、3枚中の真ん中の
難しさ（まあまあ）だよ！

〈やさしい〉

〈まあまあ〉

〈ちょいムズ〉

解きおわったら
予想得点を
書いてみよう！

観点別評価のめやすに！
★……知識・技能
★★…思考・判断・表現

丸つけしやすい別冊解答！
解き方のアドバイスつきだよ

テスト点！
点数アップドリル 算数
5年生
答え

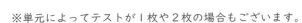

※単元によってテストが1枚や2枚の場合もございます。
※つまずきやすい単元は、内容を細分化しテストの数を多めにしている場合もございます。
※小学校で使用されている教科書を比較検討して作成しております。お使いの教科書にない単元や問題が
　あることもございますので、ご確認のうえご使用ください。

テスト式！ 点数アップドリル 算数　5年生　目次

整数と小数

月　　日　名前

 正しいことを言っているのはだれかな？

くま

2.504×100＝2504だよ。

たぬき

2.504は、1を2こ、0.1を5こ、0.01を4こあわせた数だよ。

うさぎ

2.504は、2.5より0.04大きい数だよ。

りす

2.504は、0.001を2504こ集めた数だよ。

きつね

2.504は、2504を$\frac{1}{100}$にした数だよ。

答え（　　　　　　　）

6

2 あみだくじをしたよ。
いちばん大きな数を当てたのはだれかな？

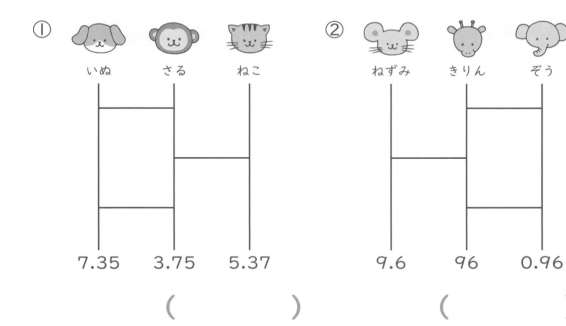

① いぬ　さる　ねこ

7.35　3.75　5.37

(　　　　　　)

② ねずみ　きりん　ぞう

9.6　96　0.96

(　　　　　　)

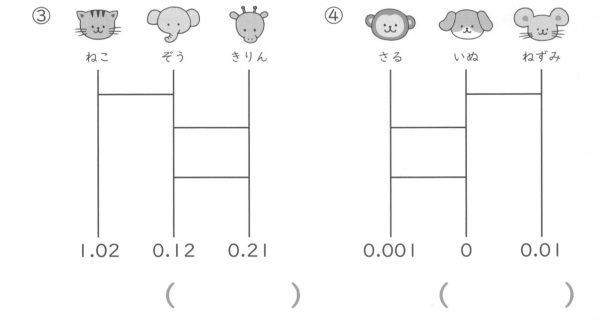

③ ねこ　ぞう　きりん

1.02　0.12　0.21

(　　　　　　)

④ さる　いぬ　ねずみ

0.001　0　0.01

(　　　　　　)

整数と小数

1 3.214について、□にあてはまる数字を書きましょう。

（□1つ5点）

1が	□	こ	……	3
0.1が	□	こ	……	2
0.01が	□	こ	……	1
0.001が	□	こ	……	4

2 □にあてはまる不等号を書きましょう。

（各5点）

① 0 □ 0.1

② 5.978 □ 6

3 次の数を書きましょう。

（各5点）

① 2.15の10倍

（　　　　　）

② 0.73の10倍

（　　　　　）

③ 4.56の100倍

（　　　　　）

④ 3.92の1000倍

（　　　　　）

4 次の数を書きましょう。 （各5点）

① 25.1 の $\dfrac{1}{10}$

（　　　　　　）

② 4.8 の $\dfrac{1}{10}$

（　　　　　　）

③ 19.8 の $\dfrac{1}{100}$

（　　　　　　）

④ 75 の $\dfrac{1}{1000}$

（　　　　　　）

5 次の計算をしましょう。 （各5点）

① 142.3×10

（　　　　　　）

② 8.19×100

（　　　　　　）

③ 26.7×1000

（　　　　　　）

④ $531.4 \div 10$

（　　　　　　）

⑤ $3.95 \div 100$

（　　　　　　）

⑥ $47.6 \div 1000$

（　　　　　　）

整数と小数

1 ☐にあてはまる数字を書きましょう。　　　（完答各5点）

① 0.004 = ［　　　］ × 4

② 2.84 = 1 × ☐ + 0.1 × ☐ + 0.01 × ☐

③ 5.017
= 1 × ☐ + 0.1 × ☐ + 0.01 × ☐ + 0.001 × ☐

2 ☐にあてはまる不等号を書きましょう。　　　（各5点）

① 0.001 ☐ 0　　　　② 35 ☐ 35.1 − 3.5

3 次の数は、0.001を何個集めた数ですか。　　　（各5点）

① 5.713　　　　　　② 0.182

（　　　　　）　　（　　　　　）

4 4.23を10倍、100倍、1000倍にした数をそれぞれ求めましょう。

（各5点）

① 10倍　　　② 100倍　　　③ 1000倍

（　　　）（　　　　）（　　　　）

5 次の数は、それぞれ835を何分の一にした数ですか。　　(各5点)

① 83.5　　　　　　② 0.835　　　　　　③ 8.35

(　　　　　)　　 (　　　　　)　　 (　　　　　)

6 次の計算の答えを ( ) に書きましょう。　　(各5点)

① 92.31×100　　　　　　　② 2.83×1000

(　　　　　)　　　　　　　(　　　　　)

③ 47.9÷10　　　　　　　　④ 623.7÷1000

(　　　　　)　　　　　　　(　　　　　)

7 □に ①③⑤⑦⑨ の数を入れて小数をつくります。
次の数はいくつですか。　　(各5点)

□□・□□□

① できる数のうち、いちばん小さい数　　(　　　　　　　　)

② できる数のうち、2番目に大きい数　　(　　　　　　　　)

③ できる数のうち、70にいちばん近い数　(　　　　　　　　)

👑 クイズ！水を入れた水そうに石を入れると、水面が A→B まで上がったよ。どちらの石の体積が大きいかな？

あ
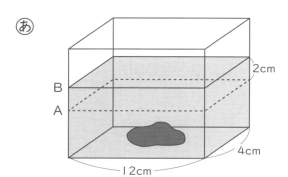

B
A
2cm
4cm
12cm

水面はどちらも2cm上がったから、同じかな？

い
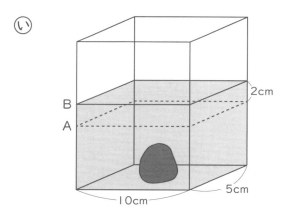

B
A
2cm
5cm
10cm

石の体積が大きいのは…

（　　　　　　）

2 今までに学習した、長さや面積、体積の単位の関係が表になっているよ。表に入る記号をあてはめて暗号を解き、おたからをゲットしよう！

1辺の長さ	1cm	10cm	1m
正方形の面積	①	②	③
立方体の体積	④	⑤	⑥
立方体の体積をLで表すと	⑦	⑧	⑨

㋐　1L　㋕　1 m^3　㋗　100 cm^2　㋤　1000 cm^3

㋥　1mL　㋨　1 cm^3　㋫　1 cm^2　㋸　1kL　㋺　1 m^2

①	②	③	④	⑤	⑥	⑦	⑧	⑨

おたからが入っているのはどれかな？

ビン

ふくろ

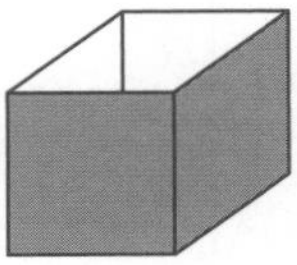

箱

答え（　　　　　）

体積

1 体積の求め方を、言葉の式で表しましょう。 （完答各10点）

直方体の体積 ＝ （　　　　　）×（　　　　　）×（　　　　　）

立方体の体積 ＝ （　　　　　）×（　　　　　）×（　　　　　）

2 1辺が1cmの立方体で、図のような直方体を作ります。 （各5点）

① 立方体は、何個ありますか。

（　　　　　　　）

② 体積は、何cm³ですか。

（　　　　　　　）

3 次の直方体や立方体の体積を求めましょう。 （式・答え各5点）

①

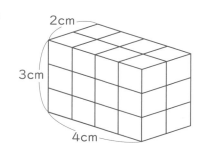

2cm
3cm
4cm

式

答え

②

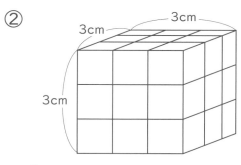

3cm
3cm
3cm

式

答え

4 次の立体の体積を求めましょう。

①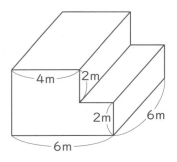

式

答え _____

②

式

答え _____

5 厚さ1cmの板で下のような直方体の形をした入れ物を作りました。

① 内のりは、それぞれ何cmですか。

たて （　　　　　　）

横　 （　　　　　　）

高さ （　　　　　　）

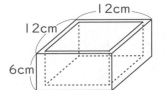

② 容積は何cm³ですか。

式

答え _____

体積

★ **1** 次の立体の体積を求めましょう。

（式・答え各5点）

①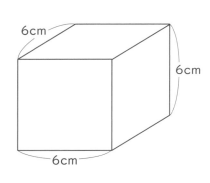

式

答え _____

②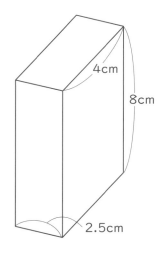

式

答え _____

③　たて３cm、横６cm
　高さ７cmの直方体

式

答え _____

④　１辺が５cmの立方体

式

答え _____

2 正しい方を〇で囲みましょう。　　　　　　　　　　(各5点)

① 1Lは、1辺が（ 10cm・100cm ）の立方体の体積と同じです。

② 1Lは（ 100cm³・1000cm³ ）です。

③ 体積が1m³の立方体の1辺の長さは（ 1m・10m ）です。

④ 1m³は（ 10000cm³・1000000cm³ ）です。

3 次の立体の体積を求めましょう。　　　　　　　(式・答え各10点)

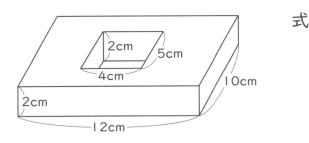

式

答え _____

4 厚さ2cmの板で、図のような入れ物を作りました。容積を求めましょう。　　　　　　　　　　　　　　　(式・答え各10点)

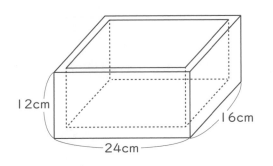

式

答え _____

体積

1 次の直方体や立方体は何m³ですか。 （式・答え各5点）

① たて50cm、横80cm、
高さ1.2mの直方体

式

答え _____

② 1辺が0.4mの立方体

式

答え _____

2 下の図は直方体や立方体の展開図です。体積を求めましょう。

（式・答え各5点）

①
4cm
5cm
3cm

式

答え _____

②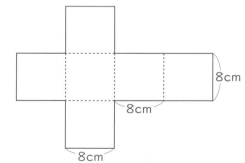
8cm
8cm
8cm

式

答え _____

3 体積180cm³の直方体のたての長さは5cm、横の長さは9cmです。高さは何cmですか。

（式・答え各5点）

式

答え _____

18

4 次の立体の体積を求めましょう。

（式・答え各5点）

①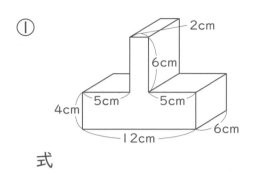

式

②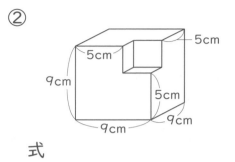

式

答え _____

答え _____

5 つくえの上に厚さ0.5cmのガラスの水そうがあります。

　この水そうに水を3.5L入れると、水の高さはつくえから何cm
になりますか。

（式・答え各5点）

式

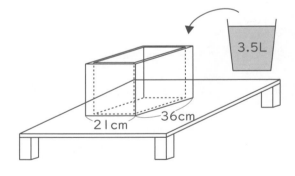

答え _____

6 **5**の水そうに石を入れると、水面が2cm上がりました。

　石の体積は何cm³ですか。

（式・答え各10点）

式

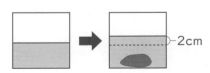

答え _____

比例

月　　　日　名前

👑 １つの量が２倍、３倍、……になると、それにともなってもう１つの量も２倍、３倍、……になるとき、２つの量は「比例している」というよ。

　次の①〜③は比例しているかな？表に数を書いて、比例しているものに○をつけよう。

① （　　　）たんじょう日が同じで、２さいちがいの兄と妹の年れい

妹の年れい(才)	1	2	3	4	5	6
兄の年れい(才)	3	4				

② （　　　）10個入りのたまごの使った数と残りの数

使った数(こ)	1	2	3	4	5	6
残りの数(こ)	9	8				

③ （　　　）たての長さが３cmで、横の長さを１cmずつ増やしていくときの横の長さと面積

横の長さ(cm)	1	2	3	4	5	6
面積(cm²)	3	6				

2 クイズ！

デパートのかいだんを15だんのぼると上の階に行けるよ。

2階

今、1階に
いるよ。

① 3階へ行くには、かいだんを何だんのぼればいいかな？

ヒント　15×□で求められるよ。

□は、3ではないよ。　　　　　　（　　　　　　　）

② 8階へ行くには、かいだんを何だんのぼればいいかな？

（　　　　　　　）

③ かいだんを150だんのぼると、何階に着くかな？

（　　　　　　　）

のぼるのも、計算もたいへんだ〜！
何かきまりを見つけられないかな？

比例

| 月 | 日 | 名前 | /100点 |

1 高さが1cmで体積が10cm³の直方体があります。

① 高さ□cmが2cm、3cm、……と変わるとき、体積○cm³は、それぞれ何cm³になりますか。
　　下の表のあいているところに数を書きましょう。　　（□1つ2点）

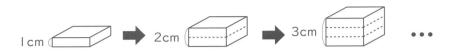

高さ□(cm)	1	2	3	4	5	6
体積○(cm³)	10					

② 高さ□cmが2倍、3倍、……になると、体積○cm³はどのように変わりますか。　　（10点）

（　　　　　　　　　　）

③ 体積は、高さに比例していますか。　　（10点）

（　　　　　　　　　　）

④ 高さが10cmのときの体積は何cm³ですか。　　（10点）

（　　　　　　　　　　）

⑤ 体積が150cm³のときの高さは何cmですか。　　（10点）

（　　　　　　　　　　）

2 次のともなって変わる2つの量で、○は□に比例していますか。比例しているものには◎を、していないものには×をつけましょう。

(各10点)

① 全部で100ページある本の、読んだページ数□と残りのページ数○

読んだページ数□(ページ)	0	1	2	3	4	5	6	7
残りのページ数○(ページ)	100	99	98	97	96	95	94	93

(　　　　)

② 1本2Lのジュースが□本あるときの、全体のジュースの量○L

ジュースの本数□(本)	1	2	3	4	5	6	7	8
全体のジュースの量○(L)	2	4	6	8	10	12	14	16

(　　　　)

3 次のともなって変わる2つの量で、○は□に比例しています。□が5のときの○を求めましょう。

(各10点)

① たての長さが3cmの長方形の、横の長さ□cmと面積○cm²

(　　　　)

② 1まい35円の色紙の、まい数□まいと代金○円

(　　　　)

③ 1個40gのかんづめの、個数□個と重さ○g

(　　　　)

比例

/100点

1 下の表は、１ｍあたり16kgの鉄のぼうの長さ□ｍと、重さ○kg の関係を表しています。

① 表のあいているところに数を書きましょう。 （完答5点）

長さ□(m)	0	1	2	3	4	5	
重さ○(kg)	0	16					

② 重さ○kgは、長さ□ｍに比例していますか。 （5点）

（　　　　　　　　）

③ 長さ□ｍと重さ○kgの関係を式で表しましょう。 （10点）

（　　　　　　　　）

④ 長さが10ｍのときの重さは何kgですか。 （10点）

（　　　　　　　　）

⑤ 重さが192kgのときの長さは何ｍですか。 （10点）

（　　　　　　　　）

2 次のともなって変わる２つの量で、〇は□に比例しています
か。比例しているものには◎を、していないものには×をつけま
しょう。 (各10点)

① まわりの長さが20cmの長方形の、たて□cmと横〇cm

( )

② ２さいちがいの妹□さいと、兄〇さいの年れい

( )

③ １個200gのりんごを□個買ったときの全体の重さ〇g

( )

3 次のともなって変わる２つの量が比例している表を完成させ
て、□と〇の関係を式で表しましょう。 (表：完答各5点、式各10点)

① １分間に1.5Lずつ水を出したときの、時間□分と水の量〇L

時間□(分)	1	2		4	5
水の量〇(L)	1.5		4.5		

( )

② 正方形の、１辺の長さ□cmとまわりの長さ〇cm

１辺の長さ□(cm)	1			4	5
まわりの長さ〇(cm)	4	8	12		

( )

小数のかけ算とわり算

月　　日　名前

👑 次の問題は、かけ算かな？わり算かな？かけ算には「か」、わり算には「わ」と（　）に書こう。

① （　）
> たて1.2m、横5mの長方形の花だんの面積は何m²ですか。

② （　）
> 2.5Lで300円のジュースの、1Lあたりのねだんは何円ですか。

③ （　）
> 1mのねだんが80円のリボンを2.3m買うと、何円になりますか。

④ （　）
> 9mのリボンを、1人に0.6mずつ配ります。何人に配れますか。

⑤ （　）
> 6.3mのホースの重さをはかると7.56kgでした。このホース1mあたりの重さは何kgですか。

> 「1Lあたり」や「1mあたり」は、整数のときと同じように、わり算で求めるよ。

2 👑 の問題を解いて、ヒントの文字を入れて読んでみよう。
どんな言葉が出てくるかな？

★計算スペース★

ヒント

1.2 = き	1.5 = ふ	6 = き
6.38 = も	15 = ず	120 = れ
180 = り	184 = い	240 = ち

出てきた言葉で、ぼくのヒミツを教えるよ♪

①	②	③	④	⑤

実は、　　　　　　　　　　　　　だよ！

小数のかけ算

1 □にあてはまる数を書きましょう。 (□1つ5点)

```
    2 4
  × 3.2
    4 8
  7 2
```
④ [　　　]

------ ① [　　] 倍する ------>

------ ③ [　　] でわる ------

```
    2 4
  × 3 2
    4 8
```
② [　　]
```
  7 6 8
```

2 次の計算をしましょう。 (各5点)

①
```
    3 4
  × 2.1
```

②
```
    1 3
  × 6.8
```

③
```
    7 3
  × 4.5
```

④
```
    3.2
  × 2.4
```

⑤
```
    2.1
  × 1.4
```

⑥
```
    1.3
  × 4.6
```

3 84×26＝2184をもとに、次の積を求めましょう。 (各5点)

① 8.4×2.6

( )

② 8.4×0.26

( )

4 積が、かけられる数より小さくなる式を選び、記号で答えましょう。 (( ) 1つ5点)

あ 3.5×2.6   い 4.8×0.7   う 7.1×0.9

え 2.5×1.3

( )( )

5 1mのねだんが70円のリボンを2.3m買いました。
代金はいくらですか。 (式・答え各5点)

式

答え _____

6 たて7.8cm、横5.2cmの長方形の面積を求めましょう。 (式・答え各5点)

式

答え _____

7 1Lの重さが350gの土があります。
この土1.4Lの重さは何gですか。 (式・答え各5点)

式

答え _____

小数のかけ算

1 □にあてはまる数を書きましょう。　　　　　　（□1つ5点）

$$
\begin{array}{r}
3.2 \\
\times\ 2.4 \\
\hline
1\ 2\ 8 \\
6\ 4 \\
\hline
\end{array}
$$

① □ 倍する ⟶
② □ 倍する ⟶

$$
\begin{array}{r}
3\ 2 \\
\times\ 2\ 4 \\
\hline
1\ 2\ 8 \\
6\ 4 \\
\hline
7\ 6\ 8 \\
\end{array}
$$

④ □　　③ □ でわる ←

2 次の計算をしましょう。　　　　　　（各5点）

① 3.9×3.2

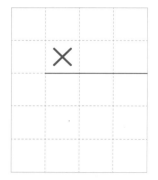

② 7.1×2.7

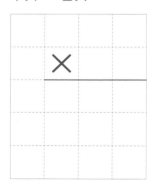

③ 3.8×0.5

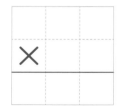

④ 2.43×1.8

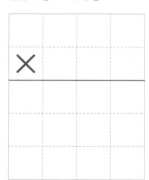

⑤ 4.18×2.3

⑥ 0.7×0.6

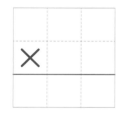

3 36×78＝2808をもとに、次の積を求めましょう。　　　(各5点)

① 3.6×7.8 　　　　　　　　② 0.36×7.8

(　　　　) 　　　　 (　　　　)

4 積が、かけられる数より小さくなる式を選び、記号で答えましょう。　　　(( ) 1つ5点)

あ 29.1×0.3 　　　 い 5.7×3.12 　　　 う 0.63×4.8

え 0.74×0.95 　　　　　　　　　(　　)(　　)

5 1mの重さが、21.6gのはり金があります。
このはり金4.8mの重さは何gですか。　　　(式・答え各5点)

式

答え _____

6 ひろきさんの体重は34.5kgで、妹の体重はひろきさんの0.8倍です。妹の体重は何kgですか。　　　(式・答え各5点)

式

答え _____

7 たてが4.92m、横が7.5mの花だんの面積は何m²ですか。

(式・答え各5点)

式

答え _____

小数のかけ算

月　　日　　名前　　　　　　　　　　　　／100点

1 次の計算をしましょう。　　　　　　　　　　　（各5点）

① 6.5×7.8

② 9.3×2.5

③ 0.74×2.8

④ 0.67×3.6

⑤ 6.18×3.5

⑥ 7.25×5.2

2 くふうして計算します。☐にあてはまる数を書きましょう。

（☐1つ2点）

① 8.3×4×2.5 = ☐ ×（ ☐ × ☐ ）

　　　　　　　 = 8.3× ☐

　　　　　　　 = ☐

② 2.6×1.3＋2.4×1.3 =（ ☐ ＋ ☐ ）× ☐

　　　　　　　　　　 = ☐ ×1.3

　　　　　　　　　　 = ☐

32

3 765×83＝63495をもとに、次の積を求めましょう。 (各5点)

① 7.65×8.3 ② 76.5×0.083

( ) ( )

4 1mの重さが5.14kgのパイプがあります。
このパイプ0.7mの重さは何kgですか。 (式・答え各5点)

式

答え _____

5 たて1.25m、横0.8mの長方形の面積を求めましょう。

(式・答え各5点)

式

答え _____

6 1kg 2500円のナッツを0.5kg買います。千円札を2まい出
したときのおつりはいくらですか。 (式・答え各5点)

式

答え _____

7 8.6にある数をかけるつもりがたしてしまい、答えが10.5にな
りました。このかけ算の正しい答えを求めましょう。

(式・答え各5点)

式

答え _____

小数のわり算

1 ◻ にあてはまる数を書きましょう。　　　　　　　　(各5点)

① 8÷1.6＝ ◻ ÷16

② 9.6÷2.4＝ ◻ ÷24

③ 24.3÷3.9＝ ◻ ÷39

④ 0.6÷2.4＝ ◻ ÷24

2 次の計算をしましょう。　　　　　　　　(各6点)

①

②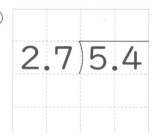

③

④ 2.8)19.6

⑤

3 商が25より大きくなるものを選び、記号で答えましょう。

（（　）1つ5点）

あ　25÷5　　　　い　25÷0.5　　　　う　25÷0.2

え　25÷1.2　　　　　　　　　　　（　　　）（　　　）

4 商は一の位まで求めて、あまりも出しましょう。 （各10点）

①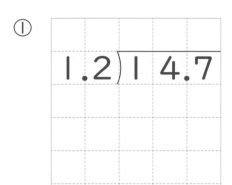

$$1.2 \overline{)14.7}$$

②

$$1.7 \overline{)20.9}$$

5 たての長さが7.5cmで、面積が42cm²の長方形があります。
横は何cmですか。 （式・答え各5点）

式

答え _____

6 3.5mのリボンを、１人0.8mずつ配ります。
何人に配れて何mあまりますか。 （式・答え各5点）

式

答え _____

小数のわり算

1 商が864÷24と等しくなる式を選び記号で答えましょう。

（（　）1つ5点）

ⓐ　86.4÷24　　　　ⓘ　8.64÷2.4　　　　ⓤ　8.64÷0.24

ⓔ　86.4÷2.4　　　　　　　　　　　　　（　　　）（　　　）

2 次の計算をしましょう。

（各5点）

① 8.7÷2.9

② 23.4÷3.9

③ 14.4÷3.6

④ 3.48÷2.9

⑤ 7.02÷2.7

3 商は一の位まで求めて、あまりも出しましょう。　　　　（各10点）

①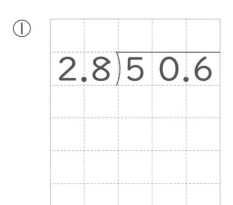

②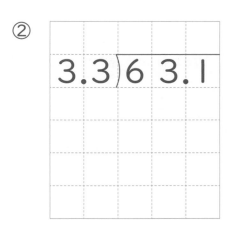

4 7.2÷□の□に次の4つの数をあてはめたとき、商が最も大きくなるのはどれですか。　　　　（5点）

　　⑧　0.4　　　　⑩　1.2　　　　⑤　0.2　　　　⑥　0.09

　　　　　　　　　　　　　　　　　　　　　　　　　（　　　）

5 4.2Lの重さが2.52kgの灯油があります。
　　1Lの重さは何kgですか。　　　　（式・答え各10点）

式

　　　　　　　　　　　　　　答え _____

6 28Lのジュースを1人に0.75Lずつ分けます。
　　何人に分けられて、何Lあまりますか。　　　　（式・答え各10点）

式

　　　　答え _____

小数のわり算

1 わり切れるまで計算しましょう。　　　　　　(各5点)

① 5.52÷2.3　　② 8.74÷4.6　　③ 3.5÷1.4

④ 32.2÷3.5　　⑤ 4.8÷7.5　　⑥ 0.8÷3.2

2 商が2.7より大きくなる式には〇、小さくなる式には△を（　）に書きましょう。　　　　　　(各5点)

① （　　　）2.7÷3.6　　　② （　　　）2.7÷0.4

③ （　　　）2.7÷0.15　　　④ （　　　）2.7÷30

3 2.1mの重さが2.73kgの鉄のぼうがあります。
この鉄のぼう1mの重さは何kgですか。 (式・答え各5点)

式

答え _____

4 5年生のあおいさんの体重は33.6kgで、4年生のときの体重
の1.05倍です。4年生のときの体重は何kgですか。 (式・答え各5点)

式

答え _____

5 4.5Lの牛にゅうを0.55Lずつコップに入れます。
何はい分できて、何Lあまりますか。 (式・答え各5点)

式

答え _____

6 公園の面積は176.4m²で、すな場の面積は12.8m²です。
公園の面積は、すな場の面積の何倍ですか。四捨五入して、
整数で表しましょう。 (式・答え各10点)

式

答え _____

合同な図形

月　　日　名前

👑 **1** 合同な形が２組あるよ。どれかな？

合同な形は
ぴったり重なるよ。

（　　　）と（　　　）、（　　　）と（　　　）

2 ⒶのアリとⒷのアリがキャンディーを集めているよ。それぞれ、[   ]に書かれている三角形のはんいのキャンディーを集めると、それぞれ何個になるかな？三角形をかいて考えてみよう。

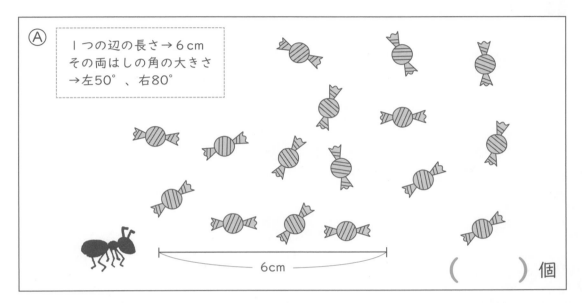

Ⓐ
１つの辺の長さ→６cm
その両はしの角の大きさ
→左50°、右80°

（   ）個

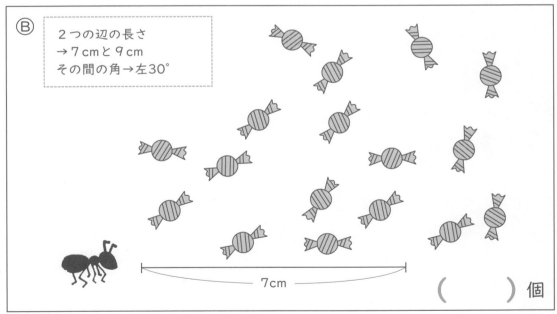

Ⓑ
２つの辺の長さ
→７cmと９cm
その間の角→左30°

（   ）個

たくさん集めたのは（   ）

合同な図形

用意するもの…ものさし、分度器、コンパス

1 ⓐ、ⓘと合同な図形を見つけて記号を書きましょう。 （各10点）

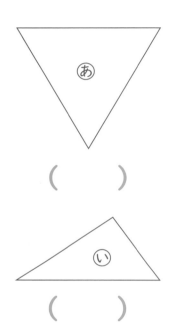

（　　　）

（　　　）

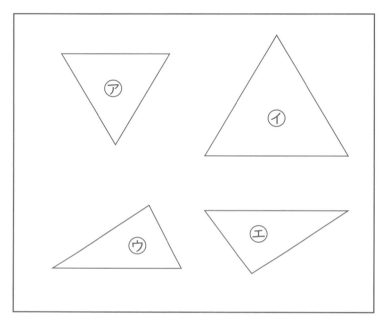

2 下の2つの四角形は合同です。それぞれに対応する頂点や辺、角を書きましょう。 （各5点）

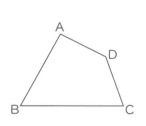

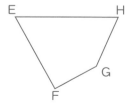

① 頂点 A …頂点 （　　　）

② 頂点 G …頂点 （　　　）

③ 辺 BC ……辺 （　　　）

④ 辺 HG ……辺 （　　　）

⑤ 角 C ………角 （　　　）

⑥ 角 E ………角 （　　　）

3 ２つの辺の長さが６cm、３cmで、その間の角の大きさが60°の三角形をかきましょう。

4 １つの辺の長さが７cmで、その両はしの角の大きさが30°と70°の三角形をかきましょう。

5 下の平行四辺形 ABCD と合同な平行四辺形をかきましょう。

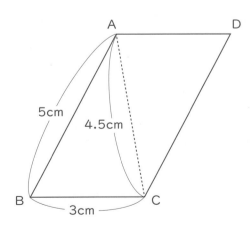

合同な図形

用意するもの…ものさし、分度器、コンパス

1 下の四角形あと四角形いは合同です。　　　　　（各5点）

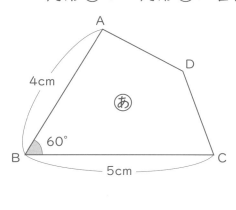
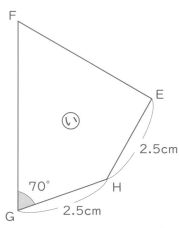

① 頂点 A に対応する頂点はどこですか。　　　頂点 （　　　　）

② 頂点 B に対応する頂点はどこですか。　　　頂点 （　　　　）

③ 辺 EF の長さは何cmですか。　　　　　　　　（　　　　）

④ 辺 AD の長さは何cmですか。　　　　　　　　（　　　　）

⑤ 角 C の大きさは何度ですか。　　　　　　　　（　　　　）

2 2本の対角線で分けると、合同な4つの三角形ができるのはどれですか。記号で書きましょう。　　　（（ ）1つ5点）

ア　正方形

イ　長方形

ウ　台形

エ　平行四辺形

オ　ひし形

（　　　　）

（　　　　）

3 下の図のような三角形と合同な三角形をかくには、あとどこが分かればいいですか。（　）に〇をつけましょう。 (各10点)

①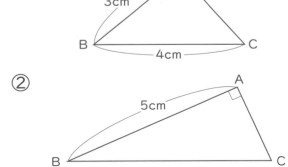

 あ（　　）角 A
 い（　　）辺 AC
 う（　　）角 C

②

 あ（　　）角 B
 い（　　）辺 BC
 う（　　）角 C

4 次の図形をかきましょう。 (各15点)

① 3つの辺の長さが4cm、3cm、5cmの三角形

② 平行四辺形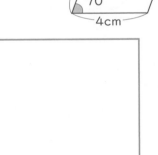

③ ひし形

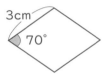

図形の角

1 三角定規に角の大きさを書いたよ。でも、何かがおかしいぞ？
まちがいを 2 つ見つけよう。

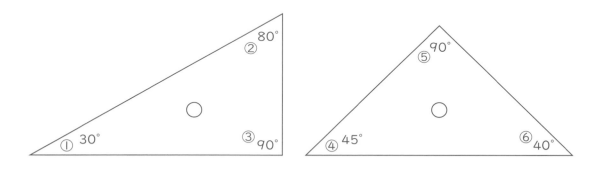

②80°
①30°
③90°

⑤90°
④45°
⑥40°

まちがいは

	番号		正しい角度
	(　　　　) ➡ (　　　　)。		
	(　　　　) ➡ (　　　　)。		

2 ○×クイズだよ。あっているものには○を、まちがっているものには×をつけよう。

① (　　　　) 三角形の 3 つの角の和は180°です。

② (　　　　) 四角形の 4 つの角の和は360°です。

③ (　　　　) 五角形の 5 つの角の和は520°です。

3 だれのぼうしがいちばんとんがっているかな？

とんがりぼうしの角度を調べてみよう。角度がいちばん小さい
ぼうしの子がとんがりぼうしチャンピオンだ！

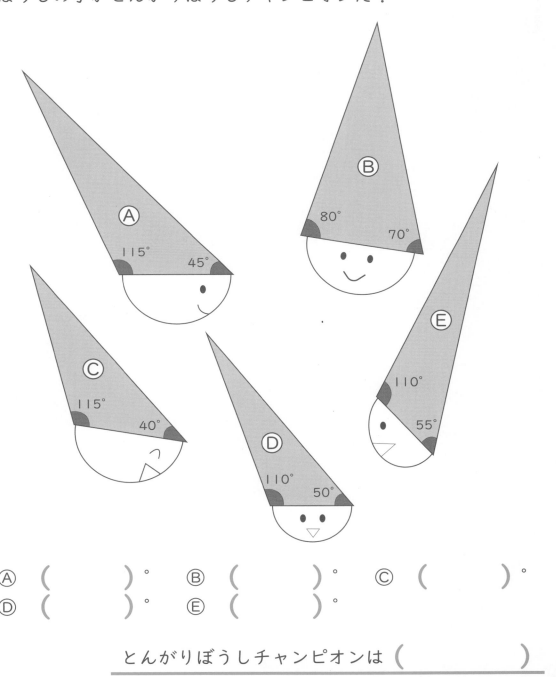

Ⓐ （　　　　）°　　　Ⓑ （　　　　）°　　　Ⓒ （　　　　）°

Ⓓ （　　　　）°　　　Ⓔ （　　　　）°

とんがりぼうしチャンピオンは （　　　　　　　　　　）

図形の角

1　あ～えの角度を計算で求めましょう。　(各5点)

①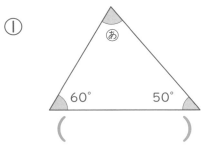

（　　　　　）

②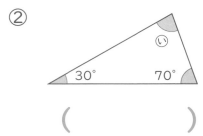

（　　　　　）

③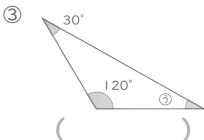

（　　　　　）

④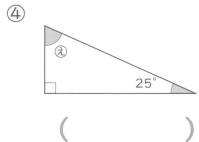

（　　　　　）

2　あ～えの角の大きさを求めましょう。　(各5点)

①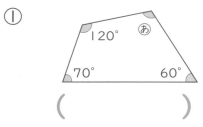

（　　　　　）

②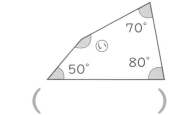

（　　　　　）

③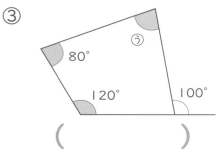

（　　　　　）

④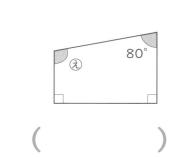

（　　　　　）

3 図を見て、あとの問いに答えましょう。　　　　　(各10点)

① 頂点Aから、何本の
対角線がひけますか。
　　　（　　　　　）

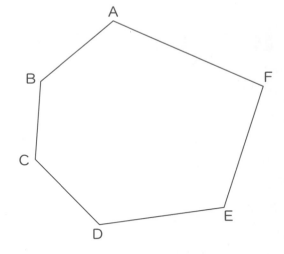

② ①の数の対角線をひく
と、三角形はいくつでき
ますか。
　　　（　　　　　）

③ この多角形の6つの角の大きさの和は何度ですか。
　　　　　　　　　　　　　　　　　　　（　　　　　　　）

4 対角線でいくつの三角形に分けられるかで、角の大きさの和を
考えます。表のあいているところに数を書きましょう。　(□1つ5点)

	三角形	四角形	五角形	六角形
三角形の数	1			
角の大きさの和	180°			

図形の角

月　　　日　　名前　　　　　　　　　　　　　　　　　　　／100点

1 次の三角形の角の大きさは何度ですか。 (各5点)

① 正三角形

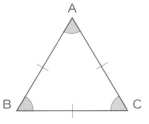

角A、角B、
角C

(　　　　　　)

② 二等辺三角形

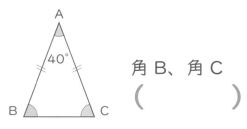

角B、角C

(　　　　　　)

③ 直角三角形

角A

(　　　　　　)

④ 二等辺三角形

角A

(　　　　　　)

2 あ〜かの角の大きさを求めましょう。 (各5点)

①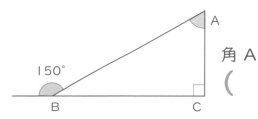

(　　　　　　)

②

(　　　　　　)

③

(　　　　　　)

④ 平行四辺形

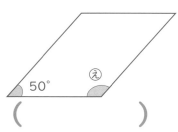

(　　　　　　)

⑤

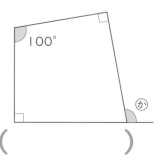

(　　　　　　)

⑥

(　　　　　　)

3 あ、①の角の大きさを求めましょう。 （各10点）

①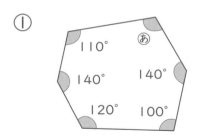

（　　　　　）

②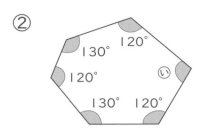

（　　　　　）

4 三角定規3まいを使ってできた図形の角①、
③、④の和を、下のような式で表しました。
□にあてはまる言葉や数を書きましょう。

（①〜③各10点）

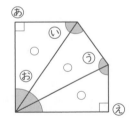

$$①＋③＋④＝540－90×2$$

三角定規を組み合わせてできた図形を ① ［　　］ 角形として考え
ます。 ① ［　　］ 角形の角の大きさの和は ② ［　　　　］°で、角あ、
②は ③ ［　　　］°なので、540－90×2の式で角①、③、④の角の和
となります。

チェック＆ゲーム
整数の性質

月　　日　名前

 □□□ の数を図の中に書き入れよう！

① 〈3の倍数〉　　　〈4の倍数〉

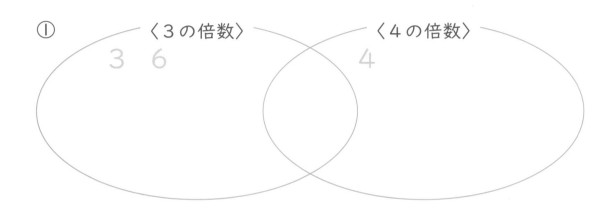

3　6　　　　4

| 3 | 4 | 6 | 8 | 9 | 12 | 15 | 16 | 18 | 20 |
| 21 | 24 | 27 | 28 |

② 〈12の約数〉　　　〈18の約数〉

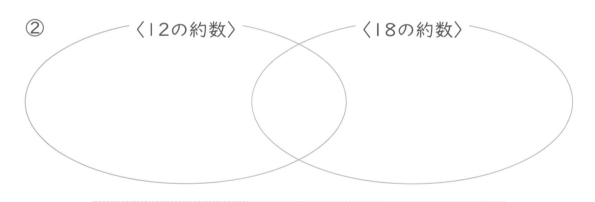

| 1 | 2 | 3 | 4 | 6 | 9 | 12 | 18 |

どちらにもあてはまる数は
重なっている部分に書こう！

偶数に色をぬろう。何が出てくるかな？

67	25	19	33	63	15	87	47	93	81	19	63	41	29	5
11	30	2	54	40	57	89	23	45	4	25	51	79	17	37
33	52	13	41	21	73	93	15	50	22	34	70	18	63	43
61	20	91	39	91	25	53	56	31	17	43	58	69	85	79
85	68	48	8	42	87	7	71	83	32	60	6	24	41	63
5	59	75	55	36	47	3	19	63	64	29	62	35	27	55
27	67	27	19	28	77	9	1	10	44	12	38	26	72	13
81	16	66	14	46	65	83	99	97	37	95	74	49	75	7
43	79	81	5	13	25	37	49	15	81	43	67	19	93	55

 偶数とは2でわりきれる整数のことだよ。

出てきた言葉… ◯ ◯

 ☐ にあてはまるのは、偶数か奇数どっちかな？

① （偶数＋偶数）×（奇数＋奇数）＝ ☐

② （偶数＋奇数）×（偶数＋奇数）＝ ☐

整数の性質

/100点

1 次の整数を、偶数と奇数に分けましょう。 (各5点)

> 0、2、3、4、5、7

偶数 （　　　　　　　　）　　　奇数 （　　　　　　　　）

2 次の2つの数の公倍数を、小さい方から順に3つ書きましょう。

(各5点)

① 2、3 （　　　　　　　）

② 4、6 （　　　　　　　）

3 次の2つの数の最小公倍数を求めましょう。 (各5点)

① 3、4 （　　　　　）　② 5、7 （　　　　　　　）

③ 6、8 （　　　　　）　④ 4、10 （　　　　　　）

4 次の数の約数をすべて書きましょう。 (各5点)

① 6 （　　　　　　　　）

② 8 （　　　　　　　　）

5 次の２つの数の公約数を、すべて求めましょう。 (各5点)

① 8、12 → (   )

② 9、45 → (   )

6 次の２つの数の最大公約数を求めましょう。 (各5点)

① 12、15 (   ) ② 9、45 (   )

③ 14、28 (   ) ④ 15、24 (   )

7 高さが５cmの箱と、８cmの箱をそれぞれ積んでいきます。
最初に高さが等しくなるのは、何cmのときですか。 (10点)

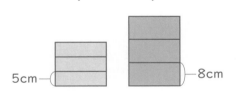

(   )

8 たて20cm、横30cmの長方形の中に、合同な正方形の紙をしきつめます。すきまなくしきつめられるいちばん大きな正方形の１辺の長さを求めましょう。 (10点)

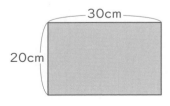

(   )

整数の性質

| 月 | 日 | 名前 | | /100点 |

1 次の整数を、偶数と奇数に分けましょう。　　　　　　　　（各5点）

22、33、44、66、77、99

偶数（　　　　　　　　　）　　奇数（　　　　　　　　　）

2 次の2つの数の公倍数を、小さい方から順に3つ書きましょう。

（各5点）

① 3、4（　　　　　　　　）

② 5、10（　　　　　　　　）

3 次の2つの数の最小公倍数を求めましょう。　　　　　　（各5点）

① 4、7（　　　　　　）　② 5、10（　　　　　　）

③ 6、9（　　　　　　）　④ 8、12（　　　　　　）

4 次の数の約数をすべて書きましょう。　　　　　　　　（各5点）

① 9（　　　　　　　　　　　　）

② 36（　　　　　　　　　　　　）

5 次の２つの数の公約数を、すべて求めましょう。 (各5点)

① 12、20 (　　　　　　　　　　)

② 14、56 (　　　　　　　　　　)

6 次の３つの数の、最小公倍数と最大公約数を求めましょう。

((　)1つ5点)

最小公倍数　　　　最大公約数

① 4、9、18 (　　　　　　) (　　　　　　)

② 12、16、20 (　　　　　　) (　　　　　　)

7 Aのふん水は10分おきにふき出します。Bのふん水は15分おきにふき出します。

午前10時に同時にふき出したあと、次に同時にふき出すのは何時何分ですか。 (10点)

(　　　　　　　　　　)

8 18このキャンディーを同じ数ずつ、30このクッキーを同じ数ずつ組み合わせて、どちらもあまりが出ないようにできるだけ多くの子どもに配ります。何人に配ることができますか。 (10点)

(　　　　　　　　　　)

整数の性質

1 次の ▢ にあてはまるのは「偶数」と「奇数」のどちらですか。

(各5点)

① 偶数＋奇数＝ ▢

② 奇数＋奇数＝ ▢

2 次の2つの数の公倍数を、小さい方から順に3つ書きましょう。

(各5点)

① 2、8 （　　　　　　　　　　）

② 12、18 （　　　　　　　　　　）

③ 20、25 （　　　　　　　　　　）

3 次の数の約数をすべて書きましょう。 (各5点)

① 12 （　　　　　　　　　　　　）

② 80 （　　　　　　　　　　　　）

4 次の2つの数の公約数をすべて求めましょう。 (各5点)

① 12、15 （　　　　　　　　　）

② 16、28 （　　　　　　　　　）

③ 9、13 （　　　　　　　　　）

58

5 次の３つの数の最小公倍数と最大公約数を求めましょう。

	最小公倍数	最大公約数
① 6、12、27	（ ）	（ ）
② 12、36、60	（ ）	（ ）

6 Ａ駅から、上り電車は９分おきに、下り電車は15分おきに発車します。午前９時に同時に発車したあと、次に同時に発車するのは何時何分ですか。

（10点）

（   ）

7 たて36cm、横54cmの長方形の工作用紙があります。同じ大きさの正方形に、あまりが出ないように切り分けるとき、できるだけ大きい正方形にするには１辺を何cmにすればよいですか。

（10点）

（   ）

8 １ふくろ３個入りのなすびと、１ふくろ５本入りのきゅうりと、１ふくろ６個入りのピーマンを買います。なすび、きゅうり、ピーマンが同じ数になるようにするには、それぞれ何ふくろ買えばよいですか。

（完答10点）

なすび （   ）　　きゅうり（   ）

ピーマン（   ）

分数と小数、整数の関係

月　　日　名前

 等しいものを線で結ぼう！

① $\dfrac{5}{6}$　•

　　　　　　　• $\dfrac{9}{10}$

② $\dfrac{8}{3}$　•

　　　　　　　• $8 \div 3$

③ $\dfrac{11}{8}$　•

　　　　　　　• $5 \div 6$

④ 0.9　•

　　　　　　　• $11 \div 8$

⑤ 0.07　•

　　　　　　　• 3.5

⑥ 1.7　•

　　　　　　　• $\dfrac{17}{10}$

⑦ $\dfrac{7}{2}$　•

　　　　　　　• $\dfrac{7}{100}$

2 暗号の手紙だよ。

ヒントから等しいものを選んで、文字を入れて読んでみよう！

こんどのハロウィンパーティ楽しみだね！

わたしは、$\underset{①}{0.5} \cdot \underset{②}{\dfrac{12}{4}} \cdot \underset{③}{0.02} \cdot \underset{④}{0.75} \cdot \underset{⑤}{\dfrac{8}{5}}$

のかそうをするよ。

ヒント

$\dfrac{1}{50}$ = キ $\dfrac{1}{2}$ = ド   2.1 = ゾ $\dfrac{3}{4}$ = ユ

1.6 = ラ   0.8 = ミ   3 = ラ $\dfrac{1}{3}$ = ン

分数を小数にするには、わり算をすればいいね！
たとえば、$\dfrac{4}{5}$ = 4 ÷ 5 = 0.8だね。

①	②	③	④	⑤

分数と小数、整数の関係

月　日　名前　　　　　　　　　　　　　　　　　　　/100点

1 正しい方を、○で囲みましょう。　　　　　　　　　　　　（各4点）

① $3 \div 5 = \left(\dfrac{3}{5} \cdot \dfrac{5}{3} \right)$

② $7 \div 4 = \left(\dfrac{4}{7} \cdot \dfrac{7}{4} \right)$

2 □にあてはまる数を書きましょう。　　　　　　　　　　（各4点）

① $\dfrac{1}{6} = 1 \div \boxed{}$　　　　② $\dfrac{2}{7} = \boxed{} \div 7$

③ $\dfrac{2}{3} = \boxed{} \div 3$　　　　④ $\dfrac{8}{\boxed{}} = 8 \div 9$

⑤ $\dfrac{12}{5} = \boxed{} \div 5$　　　　⑥ $\dfrac{12}{17} = \boxed{} \div 17$

3 □にあてはまる不等号を書きましょう。　　　　　　　　（各4点）

① $\dfrac{6}{10} \boxed{} 0.4$　　　　② $0.75 \boxed{} \dfrac{5}{8}$

62

4 次の分数を、小数や整数で表しましょう。 (各4点)

① $\dfrac{3}{4}$ （ 　　　　　 ）　　② $\dfrac{3}{5}$ （ 　　　　　 ）

③ $\dfrac{3}{6}$ （ 　　　　　 ）　　④ $\dfrac{7}{10}$ （ 　　　　　 ）

⑤ $\dfrac{8}{4}$ （ 　　　　　 ）　　⑥ $\dfrac{45}{15}$ （ 　　　　　 ）

5 次の小数や整数を、分数で表しましょう。 (各4点)

① 0.6 （ 　　　　　 ）　　② 1.2 （ 　　　　　 ）

③ 0.47 （ 　　　　　 ）　　④ 0.05 （ 　　　　　 ）

⑤ 3.8 （ 　　　　　 ）　　⑥ 6.29 （ 　　　　　 ）

6 分数で答えましょう。 (各4点)

① 4mは、5mの何倍ですか。　　　　　　　　（ 　　　　　 ）

② 3kgは、16kgの何倍ですか。　　　　　　　（ 　　　　　 ）

③ 5cmを1とみると、3cmはいくつにあたりますか。
　　　　　　　　　　　　　　　　　　　　　　（ 　　　　　 ）

分数と小数、整数の関係

1 わり算の商を分数で表しましょう。　　　　　　　　　　（各4点）

① 5÷9 （　　　　　　）　　② 7÷13 （　　　　　　）

③ 8÷3 （　　　　　　）　　④ 15÷19 （　　　　　　）

2 次の分数を、わり算の式で表しましょう。　　　　　　　（各4点）

① $\frac{11}{8}$ = （　　　　　　）　　② $\frac{7}{3}$ = （　　　　　　）

③ $\frac{5}{14}$ = （　　　　　　）　　④ $\frac{9}{21}$ = （　　　　　　）

⑤ $1\frac{3}{4}$ = （　　　　　　）　　⑥ $2\frac{1}{2}$ = （　　　　　　）

3 次の分数を、小数で表しましょう。　　　　　　　　　　（各4点）

① $\frac{14}{5}$ （　　　　　　）　　② $\frac{17}{34}$ （　　　　　　）

③ $\frac{11}{4}$ （　　　　　　）　　④ $\frac{75}{100}$ （　　　　　　）

⑤ $1\frac{3}{10}$ （　　　　　　）　　⑥ $3\frac{7}{8}$ （　　　　　　）

4 次の小数を、分数で表しましょう。　　　　　　　　　　（各4点）

①　0.9　（　　　　　　　）　　②　2.7　（　　　　　　　）

③　5.64　（　　　　　　　）　　④　1.03　（　　　　　　　）

5 分数で答えましょう。　　　　　　　　　　　　　　　（各4点）

①　30Lは、20Lの何倍ですか。　　　　　　　（　　　　　　　）

②　6mを1とみると、9mはいくつにあたりますか。
　　　　　　　　　　　　　　　　　　　　　（　　　　　　　）

③　24時間を1とみると、8時間はいくつにあたりますか。
　　　　　　　　　　　　　　　　　　　　　（　　　　　　　）

6 親ねこの体重は、4kgです。子ねこの体重は0.5kgです。

（各4点）

①　親ねこの体重は、子ねこの体重の何倍ですか。
　　　　　　　　　　　　　　　　　　　　　（　　　　　　　）

②　子ねこの体重は、親ねこの体重の何倍ですか。小数で表しましょう。
　　　　　　　　　　　　　　　　　　　　　（　　　　　　　）

分数のたし算とひき算

月　　　日　名前

 $\frac{3}{4}$ と大きさの等しい分数をぬりつぶそう。何が出てくるかな？

$\frac{3}{8}$	$\frac{6}{12}$	$\frac{12}{15}$	$\frac{6}{8}$	$\frac{10}{20}$	$\frac{7}{12}$	$\frac{40}{50}$	$\frac{5}{8}$	$\frac{3}{6}$	$\frac{5}{10}$	$\frac{20}{40}$
$\frac{2}{8}$	$\frac{5}{12}$	$\frac{12}{16}$	$\frac{10}{40}$	$\frac{15}{40}$	$\frac{60}{90}$	$\frac{7}{21}$	$\frac{5}{25}$	$\frac{9}{12}$	$\frac{15}{20}$	$\frac{6}{8}$
$\frac{8}{12}$	$\frac{15}{20}$	$\frac{30}{40}$	$\frac{7}{21}$	$\frac{30}{40}$	$\frac{6}{8}$	$\frac{3}{6}$	$\frac{8}{12}$	$\frac{20}{40}$	$\frac{3}{6}$	$\frac{60}{80}$
$\frac{60}{80}$	$\frac{60}{90}$	$\frac{9}{12}$	$\frac{10}{20}$	$\frac{5}{8}$	$\frac{7}{21}$	$\frac{40}{50}$	$\frac{12}{16}$	$\frac{10}{20}$	$\frac{7}{21}$	$\frac{30}{40}$
$\frac{3}{6}$	$\frac{7}{12}$	$\frac{6}{8}$	$\frac{8}{12}$	$\frac{40}{50}$	$\frac{60}{90}$	$\frac{15}{20}$	$\frac{5}{12}$	$\frac{7}{12}$	$\frac{15}{25}$	$\frac{6}{8}$
$\frac{10}{20}$	$\frac{5}{25}$	$\frac{30}{40}$	$\frac{7}{21}$	$\frac{10}{16}$	$\frac{9}{12}$	$\frac{10}{25}$	$\frac{7}{21}$	$\frac{12}{16}$	$\frac{6}{8}$	$\frac{15}{20}$
$\frac{8}{12}$	$\frac{3}{6}$	$\frac{7}{12}$	$\frac{40}{50}$	$\frac{5}{12}$	$\frac{5}{25}$	$\frac{60}{90}$	$\frac{5}{8}$	$\frac{40}{50}$	$\frac{60}{90}$	$\frac{5}{8}$

出てきた言葉…（　　　　　　　　　　　）

大きさの等しい分数は、

$$\frac{3}{4} = \frac{6}{8} = \frac{9}{12}$$

×2　×3

…と考えられるね。

出てきた言葉は、ぼくと関係があるよ。

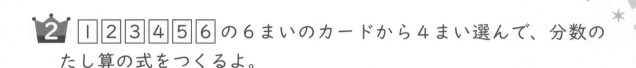

👑2 ①②③④⑤⑥の6まいのカードから4まい選んで、分数の
たし算の式をつくるよ。

① 答えがいちばん大きくなるたし算の式をつくって、答えも書
こう。

$$\frac{5}{2} + \frac{\boxed{}}{\boxed{}} = \frac{\boxed{}}{\boxed{}}$$

約分できない
数でつくろう。
$\frac{2}{1}$や$\frac{3}{6}$は
ダメだよ。

② 答えがいちばん小さくなるたし算の式をつくって、答えも書
こう。

$$\frac{\boxed{}}{\boxed{}} + \frac{\boxed{}}{\boxed{}} = \frac{\boxed{}}{\boxed{}}$$

分数のたし算

月　日　名前　　　　　　　　　／100点

1  □にあてはまる数を書きましょう。　　　（□1つ5点）

① $\dfrac{2}{3} = \dfrac{\boxed{}}{6} = \dfrac{6}{\boxed{}}$

② $\dfrac{40}{50} = \dfrac{\boxed{}}{25} = \dfrac{4}{\boxed{}}$

2 次の分数を通分しましょう。　　　（各5点）

① $\left(\dfrac{1}{3}, \dfrac{1}{4} \right) \rightarrow ($　　　　　$)$

② $\left(\dfrac{1}{9}, \dfrac{1}{5} \right) \rightarrow ($　　　　　$)$

3 次の計算をしましょう。　　　（各5点）

① $\dfrac{1}{3} + \dfrac{3}{5}$

② $\dfrac{3}{4} + \dfrac{1}{7}$

③ $\dfrac{1}{2} + \dfrac{2}{5}$

④ $\dfrac{1}{7} + \dfrac{1}{5}$

68

4 次の分数を約分しましょう。 (各5点)

① $\dfrac{2}{4}$ （　　　）　② $\dfrac{3}{9}$ （　　　）　③ $\dfrac{2}{8}$ （　　　）

5 次の分数を通分して大小を比べ、□ にあてはまる等号や不等号を書きましょう。 (各5点)

① $\dfrac{2}{3}$ ◯ $\dfrac{3}{4}$　　② $\dfrac{5}{6}$ ◯ $\dfrac{7}{10}$

③ $\dfrac{3}{7}$ ◯ $\dfrac{2}{5}$

6 $\dfrac{1}{4}$ Lのジュースと、$\dfrac{1}{2}$ Lのジュースがあります。
あわせると何Lですか。 (式・答え各5点)

式

答え _____

7 重さが $\dfrac{3}{8}$ kgの荷物と $\dfrac{3}{10}$ kgの荷物があります。
全部で何kgになりますか。 (式・答え各5点)

式

答え _____

分数のたし算

月　　日　　名前　　　　　　　　　　　　　／100点

1 $\dfrac{2}{5}$ と大きさの等しい分数を、2つつくりましょう。　（（　）1つ5点）

（　　　　　）（　　　　　）

2 □にあてはまる等号や不等号を書きましょう。　（各5点）

① $\dfrac{3}{7}$ ◯ $\dfrac{7}{14}$　　　② $\dfrac{1}{3}$ ◯ $\dfrac{2}{5}$

③ $\dfrac{3}{4}$ ◯ $\dfrac{15}{20}$　　　④ $\dfrac{4}{3}$ ◯ $\dfrac{13}{9}$

3 次の計算をしましょう。（約分できるときは、約分しましょう）

（各5点）

① $\dfrac{2}{5} + \dfrac{4}{15}$

② $\dfrac{1}{4} + \dfrac{5}{12}$

③ $\dfrac{6}{5} + \dfrac{5}{6}$

④ $\dfrac{11}{9} + \dfrac{8}{15}$

4 次の分数を約分しましょう。 (各5点)

① $\dfrac{4}{12}$ （　　　）　　　　② $\dfrac{7}{49}$ （　　　）

③ $\dfrac{30}{42}$ （　　　）　　　　④ $\dfrac{20}{36}$ （　　　）

5 次の計算をしましょう。（約分できるときは、約分しましょう）

(各5点)

① $1\dfrac{1}{6} + \dfrac{3}{10}$

② $2\dfrac{3}{4} + 1\dfrac{1}{3}$

6 庭の草とりをしました。昨日全体の $\dfrac{1}{5}$ をとり、今日は全体の $\dfrac{3}{4}$ をとりました。2日間で全体のどれだけとれましたか。

(式・答え各5点)

式

答え _____

7 運動場を、午前中に $1\dfrac{1}{4}$ 周走り、午後に $3\dfrac{1}{6}$ 周走りました。全部でどれだけ走りましたか。

(式・答え各5点)

式

答え _____

1 $\dfrac{10}{6}$ と大きさの等しい分数を、3つつくりましょう。　（（　）1つ5点）

（　　　　　）（　　　　　）（　　　　　）

2 次の分数を通分しましょう。　（各5点）

① $\left(\dfrac{1}{4}, \dfrac{5}{6}, \dfrac{3}{8} \right)$ → （　　　　　　　　　）

② $\left(\dfrac{1}{2}, \dfrac{4}{3}, \dfrac{5}{4} \right)$ → （　　　　　　　　　）

③ $\left(\dfrac{3}{4}, \dfrac{1}{5}, \dfrac{11}{10} \right)$ → （　　　　　　　　　）

3 次の計算をしましょう。（約分できるときは、約分しましょう）

（各5点）

① $\dfrac{11}{20} + \dfrac{5}{12}$

② $\dfrac{5}{6} + 1\dfrac{1}{8}$

③ $2\dfrac{1}{3} + 1\dfrac{1}{4}$

④ $3\dfrac{7}{15} + 2\dfrac{7}{9}$

4 次の分数を約分しましょう。　　　　　　　　　　　　　　(各5点)

① $\dfrac{4}{18}$ （　　　　）　　　　② $\dfrac{42}{49}$ （　　　　）

③ $\dfrac{30}{45}$ （　　　　）　　　　④ $\dfrac{21}{28}$ （　　　　）

5 ☐ にあてはまる不等号を書きましょう。　　　　　　(各5点)

① $\dfrac{9}{4}$ ☐ $\dfrac{20}{9}$　　　　② $2\dfrac{5}{6}$ ☐ $2\dfrac{7}{8}$

6 自転車で $3\dfrac{2}{7}$ km走ったあと、また $2\dfrac{1}{9}$ km走りました。
全部で何km走りましたか。　　　　　　　　　(式・答え各5点)

式

　　　　　　　　　　　　　　　　　　　　　　答え _____

7 ある本を、昨日全体の $\dfrac{1}{4}$ 読み、今日全体の $\dfrac{1}{5}$ 読みました。
２日間で全体のどれだけ読みましたか。　　　　(式・答え各5点)

式

　　　　　　　　　　　　　　　　　　　　　　答え _____

分数のひき算

| 月 | 日 | 名前 | /100点 |

1 ☆ □ にあてはまる数字を書きましょう。　（□1つ6点）

$$\frac{2}{3} - \frac{1}{4} = \frac{2 \times \boxed{あ}}{3 \times \boxed{い}} - \frac{1 \times \boxed{う}}{4 \times \boxed{え}} = \frac{8}{12} - \frac{3}{12}$$

$$= \frac{5}{12}$$

2 ☆ 次の計算をしましょう。　（各6点）

① $\dfrac{2}{3} - \dfrac{1}{8}$

② $\dfrac{3}{5} - \dfrac{1}{4}$

③ $\dfrac{1}{6} - \dfrac{1}{7}$

④ $\dfrac{3}{4} - \dfrac{1}{3}$

⑤ $\dfrac{5}{6} - \dfrac{5}{12}$

⑥ $\dfrac{7}{16} - \dfrac{3}{8}$

❸ 次の分数を通分しましょう。　　　　　　　　　　　（各5点）

① $\left(\dfrac{2}{3}, \dfrac{1}{5} \right)$ → （　　　　　　　　）

② $\left(\dfrac{3}{4}, \dfrac{2}{7} \right)$ → （　　　　　　　　）

❹ 次の計算をしましょう。　　　　　　　　　　　　（各5点）

① $2\dfrac{2}{5} - 1\dfrac{1}{3}$

② $3\dfrac{2}{3} - 2\dfrac{4}{7}$

❺ $\dfrac{2}{3}$Lのジュースと$\dfrac{1}{2}$Lのジュースがあります。
ちがいは何Lですか。　　　　　　　　　　　（式・答え各5点）

式

　　　　　　　　　　　　　　　答え _____

❻ バターが$\dfrac{4}{7}$kgあります。
$\dfrac{5}{9}$kg使うと、残りは何kgになりますか。　　（式・答え各5点）

式

　　　　　　　　　　　　　　　答え _____

分数のひき算

★1　□ にあてはまる数字を書きましょう。　　　　　　　　（□1つ6点）

$$\frac{7}{10} - \frac{4}{15} = \frac{7 \times \boxed{あ}}{10 \times \boxed{い}} - \frac{4 \times \boxed{う}}{15 \times \boxed{え}} = \frac{21}{30} - \frac{8}{30}$$

$$= \frac{13}{30}$$

★2　次の計算をしましょう。（約分できるときは、約分しましょう）

（各6点）

①　$\dfrac{1}{4} - \dfrac{1}{6}$

②　$\dfrac{5}{6} - \dfrac{2}{9}$

③　$\dfrac{5}{12} - \dfrac{1}{8}$

④　$\dfrac{9}{10} - \dfrac{5}{6}$

⑤　$\dfrac{3}{4} - \dfrac{7}{20}$

⑥　$\dfrac{13}{15} - \dfrac{1}{6}$

❸ ☐ にあてはまる不等号を書きましょう。 (各5点)

① $\dfrac{2}{3}$ ☐ $\dfrac{7}{9}$ ② $2\dfrac{5}{8}$ ☐ $2\dfrac{7}{12}$

❹ 次の計算をしましょう。 (各5点)

① $1\dfrac{1}{3} - \dfrac{1}{2}$

② $2\dfrac{5}{6} - 1\dfrac{7}{9}$

❺ かごが2つあります。大きい方は$\dfrac{5}{6}$kgで、小さい方は$\dfrac{3}{8}$kgです。ちがいは何kgですか。

(式・答え各5点)

式

答え _____

❻ 赤いテープが$\dfrac{3}{5}$m、白いテープが$\dfrac{4}{7}$mあります。
どちらが何m長いですか。

(式・答え各5点)

式

答え _____

分数のひき算

/100点

１ ◻ にあてはまる数字を書きましょう。 （各5点）

① $1\dfrac{1}{2} = \dfrac{\boxed{}}{2}$

② $3\dfrac{2}{5} = 2\dfrac{\boxed{}}{5}$

③ $2\dfrac{3}{4} = 1\dfrac{\boxed{}}{4}$

④ $5\dfrac{5}{6} = 4\dfrac{\boxed{}}{6}$

２ 次の計算をしましょう。（約分できるときは、約分しましょう）

（各5点）

① $1\dfrac{2}{5} - \dfrac{1}{4}$

② $1\dfrac{5}{6} - \dfrac{3}{4}$

③ $3\dfrac{3}{4} - 1\dfrac{3}{5}$

④ $2\dfrac{1}{7} - 1\dfrac{3}{14}$

⑤ $4\dfrac{1}{8} - 2\dfrac{1}{6}$

⑥ $3\dfrac{2}{9} - 1\dfrac{8}{15}$

❸ 次の分数を通分しましょう。 (各10点)

① $\left(\dfrac{1}{2}, \dfrac{5}{4}, \dfrac{7}{10} \right)$ → (　　　　　　　　　)

② $\left(\dfrac{3}{4}, \dfrac{5}{8}, \dfrac{7}{12} \right)$ → (　　　　　　　　　)

❹ 水とうにお茶が $1\dfrac{4}{15}$ L入っていました。朝に $\dfrac{1}{4}$ L飲み、昼に $\dfrac{3}{8}$ L飲みました。お茶は何L残っていますか。 (式・答え各5点)

式

答え _____

❺ 学校から、北に $\dfrac{7}{10}$ kmのところに図書館があり、南に $2\dfrac{11}{15}$ km のところに公園があります。

　　学校からのきょりは、どちらが何km遠いですか。 (式・答え各5点)

式

答え _____

❻ $\dfrac{3}{5}$ kgのかごに、みかんを入れて量ると $2\dfrac{5}{6}$ kgでした。
みかんは何kgですか。 (式・答え各5点)

式

答え _____

いろいろな分数のたし算、ひき算

／100点

1 次の小数を分数になおしましょう。　　　　　　　　　　　　　（各6点）

① 0.8 （　　　　　　　）　　② 1.3 （　　　　　　　）

2 次の分数を小数になおしましょう。　　　　　　　　　　　　　（各6点）

① $\dfrac{2}{5}$ （　　　　　　　）　　② $\dfrac{9}{2}$ （　　　　　　　）

3 次の計算をしましょう。（答えは分数で答えましょう）　　（各5点）

① $\dfrac{4}{5} + 0.6$　　　　　　　② $\dfrac{3}{4} - 0.5$

③ $\dfrac{1}{3} + \dfrac{1}{6} + \dfrac{4}{9}$

④ $\dfrac{1}{4} + \dfrac{3}{8} - \dfrac{1}{2}$

★4 ☐にあてはまる数を書きましょう。　　　　　　　　（各6点）

① 10分 = $\dfrac{\boxed{}}{60}$時間　　　② 30分 = $\dfrac{\boxed{}}{60}$時間

③ 150分 = $\dfrac{\boxed{}}{60}$時間　　　④ 12秒 = $\dfrac{\boxed{}}{60}$分

⑤ 55秒 = $\dfrac{\boxed{}}{60}$分　　　⑥ 80秒 = $\dfrac{\boxed{}}{60}$分

★★5 ペットボトルに1.5Lのジュースが入っています。$\dfrac{7}{8}$L飲むと、残りは何Lになりますか。　　　　　　　　（式・答え各5点）

式

答え _____

★★6 $\dfrac{3}{4}$kgの箱に、$\dfrac{1}{6}$kgのバナナと$1\dfrac{1}{12}$kgのメロンを入れます。全部で何kgになりますか。　　　　　　　　（式・答え各5点）

式

答え _____

いろいろな分数のたし算、ひき算

月　　日　名前　　　　　　　　　　　　／100点

1 次の小数を分数になおしましょう。 (各5点)

① 0.75 （　　　　　　　） ② 2.25 （　　　　　　　）

2 次の分数を小数になおしましょう。 (各5点)

① $\dfrac{3}{8}$ （　　　） ② $\dfrac{13}{4}$ （　　　） ③ $\dfrac{19}{10}$ （　　　）

3 次の計算をしましょう。（答えは分数で答えましょう） (各5点)

① $0.2 + \dfrac{3}{10}$　　　　　　　② $\dfrac{3}{7} - 0.3$

③ $\dfrac{1}{3} + 0.25$　　　　　　　④ $0.75 - \dfrac{5}{7}$

⑤ $\dfrac{1}{3} + \dfrac{11}{8} - \dfrac{7}{12}$

4 ☐ にあてはまる数を書きましょう。　　　　　　　　　　(各5点)

① 27分 = $\dfrac{\boxed{}}{60}$ 時間　　　② 45分 = $\dfrac{\boxed{}}{4}$ 時間

③ 75分 = $\dfrac{\boxed{}}{4}$ 時間　　　④ 1秒 = $\dfrac{1}{\boxed{}}$ 分

⑤ 66秒 = $\dfrac{\boxed{}}{10}$ 分　　　⑥ 200秒 = $\dfrac{\boxed{}}{3}$ 分

5 家から自転車で1.52km進んだあと、バスで $8\dfrac{12}{25}$ km進みました。全部で何km進みましたか。

(式・答え各5点)

式

答え _____

6 ある数に $\dfrac{3}{4}$ をたして $\dfrac{1}{2}$ ひくと、$\dfrac{11}{12}$ になりました。
ある数を求めましょう。

(式・答え各5点)

式

答え _____

平均

月　　　日　名前

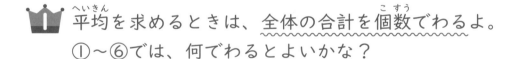 平均（へいきん）を求めるときは、全体の合計を個数（こすう）でわるよ。
①～⑥では、何でわるとよいかな？

① 10個のみかんの重さの平均 　　　　　　　　（　　10　　）

② 6個のたまごの重さの平均 　　　　　　　　　（　　　　）

③ 8人でつった魚の1人あたりの平均 　　　　　（　　　　）

④ 1週間のうちにゲームをした時間の1日あたりの平均
　　　　　　　　　　　　　　　　　　　　　（　　　　）

⑤ 4月から9月にふった雨の量の1か月あたりの平均
　　　　　　　　　　　　　　　　　　　　　（　　　　）

⑥ わたしが500円、妹が0円、兄が1000円持っているときの、
　3人の持っているお金の平均 　　　　　　　　（　　　　）

「平均」は、0の場合もふくめて考えるよ。

2 平均が「8」になるところを通ってゴールまで行こう！

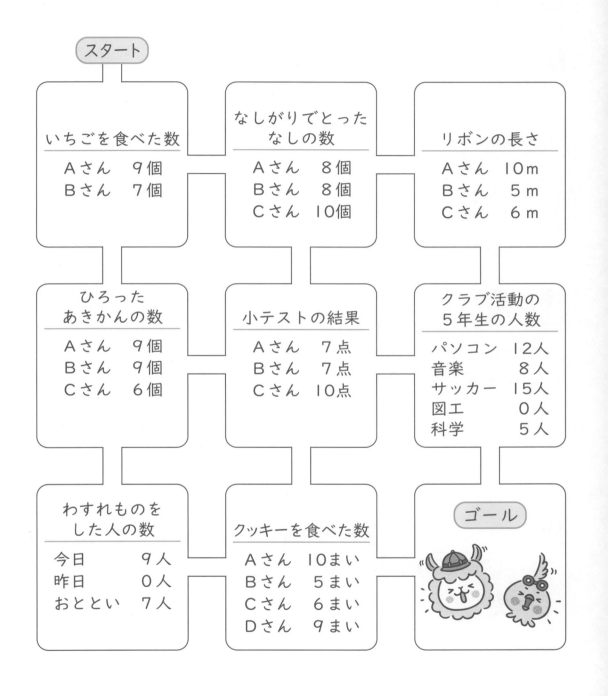

スタート

いちごを食べた数
Aさん　9個
Bさん　7個

**なしがりでとった
なしの数**
Aさん　8個
Bさん　8個
Cさん　10個

リボンの長さ
Aさん　10m
Bさん　5m
Cさん　6m

**ひろった
あきかんの数**
Aさん　9個
Bさん　9個
Cさん　6個

小テストの結果
Aさん　7点
Bさん　7点
Cさん　10点

**クラブ活動の
5年生の人数**
パソコン　12人
音楽　　　8人
サッカー　15人
図工　　　0人
科学　　　5人

**わすれものを
した人の数**
今日　　　9人
昨日　　　0人
おととい　7人

クッキーを食べた数
Aさん　10まい
Bさん　5まい
Cさん　6まい
Dさん　9まい

ゴール

平均

| 月 | 日 | 名前 | | /100点 |

1 下の数は、るなさんのサッカーチームの最近5試合の得点です。1試合に平均何点とったことになりますか。 (式・答え各10点)

$$2、1、4、3、1$$

式

答え _____

2 右の表はしゅうへいさんの漢字テストの結果です。平均何点ですか。(式・答え各10点)

回	1回目	2回目	3回目
点数(点)	75	100	95

式

答え _____

3 右の表は、5年生全体で先週欠席した人数を表しています。1日に平均何人欠席しましたか。

(式・答え各10点)

曜日	月	火	水	木	金
人数(人)	4	5	3	0	2

式

答え _____

4 たまご1個の重さの平均を55gとすると、10個分の重さの合計は何gになると考えられますか。 (式・答え各5点)

式

答え _____

5 5人で回転ずしに行きました。食べた皿を数えると、5皿、7皿、6皿、4皿、8皿でした。1人平均何皿食べましたか。 (式・答え各5点)

式

答え _____

6 さわさんの計算テストの合計点は、これまでの4回で310点でした。5回目で何点とると、平均が80点になりますか。 (式・答え各5点)

式

答え _____

7 下の表はしょうさんの1週間のすいみん時間です。平均9時間ねたとすると、日曜日のすいみん時間は何時間ですか。 (式・答え各5点)

曜日	月	火	水	木	金	土	日
すいみん時間(時間)	8.5	9.5	9	10	8.5	7.5	

式

答え _____

月　日　名前　　　　　　　　／100点

★★
1 みかんが5個あります。それぞれの重さは下の通りです。

（式・答え各5点）

(85g) (83g) (84g) (81g) (87g)

① 重さの平均を求めましょう。

式

答え _____

② このみかん20個分の重さは、何gと考えられますか。

式

答え _____

③ このみかん何個分で4.2kgになると考えられますか。

式

答え _____

★★
2 ゆうさんの漢字テストの平均点は、これまでの4回で85点でした。5回目で90点とると、5回のテストの平均は何点になりますか。

（式・答え各5点）

式

答え _____

③ かぼちゃが３個あります。それぞれ1350g、1700g、1450g です。１個の重さの平均は何kgですか。　　　　　　（式・答え各10点）

式

答え

④ そうたさんの１週間の読書時間は、５時間50分でした。
１日平均何分読書したことになりますか。　　　　　　（式・答え各10点）

式

答え

⑤ 子ども会で、A、B、Cの３つの
グループに分かれてあきかんを集
めました。

右の表は、それぞれのグループ
の人数と、集めたあきかんの１人
平均の個数を表しています。

	人数	１人平均の個数
A	18人	15個
B	21人	13個
C	15人	7個

（式・答え各5点）

① 子ども会全体では、あきかんを何個集めましたか。

式

答え

② 子ども会全体では、１人平均何個集めたことになりますか。

式

答え

チェック＆ゲーム
単位量あたりの大きさ

月　　　日　　名前

👑 （　）にあてはまる数や言葉を ⬚ から選んで記号で書こう。
記号を下の番号順にならべかえると、「人口密度が最も高い都道府県（2021年４月）」が出てくるよ。

・単位面積あたりの人口を（①　　　　　）というよ。

・速さ ＝（②　　　　　）÷（③　　　　　）で求めるよ。

・１時間あたりに進む道のりで表した速さを（④　　　　　）というよ。１分間あたりなら（⑤　　　　　）、１秒間あたりなら（⑥　　　　　）というよ。

・道のり ＝（⑦　　　　　）× 時間で求めるよ。

・１秒 ＝ $\dfrac{1}{（⑧\qquad）}$ 分、１分 ＝ $\dfrac{1}{（⑧\qquad）}$ 時間だよ。

だ　時間	と　秒速	よ　60	と　人口密度
う　速さ	う　道のり	き　分速	ょ　時速

⑥	②	⑤	④	⑦	①	③	⑧

2 スピードが速い方を通って、ゴールまで行こう！

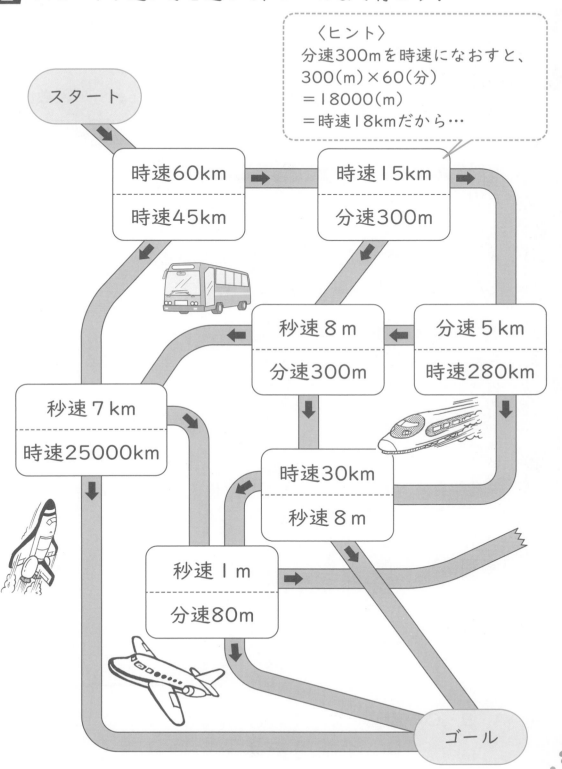

〈ヒント〉
分速300mを時速になおすと、
300(m)×60(分)
＝18000(m)
＝時速18kmだから…

スタート

| 時速60km |
| 時速45km |

| 時速15km |
| 分速300m |

| 秒速8m |
| 分速300m |

| 分速5km |
| 時速280km |

| 秒速7km |
| 時速25000km |

| 時速30km |
| 秒速8m |

| 秒速1m |
| 分速80m |

ゴール

単位量あたりの大きさ

月　　日　　名前　　　　　　　　　　　　　　　　　　　　／100点

1 3つの部屋の、それぞれの人数を表にしました。

どの部屋がこんでいるかを調べます。

部屋	たたみの数(まい)	人数(人)
A	8	15
B	8	14
C	10	15

① AとBの部屋では、どちらがこんでいるといえますか。
　たたみの数はAもBも同じ8まいです。　　　　　　　　　　(5点)

（　　　　　　　　）

② AとCの部屋では、どちらがこんでいるといえますか。
　部屋の中の人数は、どちらも15人です。　　　　　　　　(5点)

（　　　　　　　　）

③ BとCの部屋では、どちらがこんでいるといえますか。
　それぞれ、たたみ1まいあたりに何人いるかを調べて答えましょう。　　　　　　　　　　　　　　　　　　　(式・答え各5点)

〈Bの部屋〉　[　　　] ÷ [　　] = [　　　]
　　　　　　　　人数　　たたみの数

〈Cの部屋〉　[　　　] ÷ [　　] = [　　　]

答え ＿＿＿＿＿＿＿＿＿＿＿

④ A・B・Cの部屋をこんでいる順にならべましょう。　　(5点)

（　　　　　）→（　　　　　　）→（　　　　　）

2 2つの畑 A、B で、イモがよくとれたのはどちらか比べます。

	面積(a)	とれた重さ(kg)
A	12	3000
B	8	1920

① 1aあたりでとれたイモの重さを、それぞれ求めましょう。

(式・答え各5点)

〈A〉 式

答え _____

〈B〉 式

答え _____

② 1aあたりでたくさんとれたのはどちらですか。 (10点)

(   )

3 人口75000人、面積が20km²の市があります。
人口密度を求めましょう。

(式・答え各10点)

式

答え _____

4 ガソリン40Lで600km走る自動車があります。
1Lでは何km走りますか。

(式・答え各10点)

式

答え _____

単位量あたりの大きさ

| 月 | 日 | 名前 | | /100点 |

1 A〜Cの3つの花だんに球根を植えます。

	A	B	C
花だんの広さ(m²)	20	12	9
球根の数(個)	40	30	20

① AとBの花だんで、球根1個あたりに使っている面積を求めましょう。 (式・答え各5点)

〈A〉 式

答え _____

〈B〉 式

答え _____

② AとBでは、どちらがこんでいますか。 (10点)

(   )

③ Cの花だんで、球根1個あたりに使っている面積を求めましょう。 (式・答え各5点)

式

答え _____

④ こんでいる順にならべましょう。 (10点)

(   ) → (   ) → (   )

2 0.6mで150円の赤いリボンと、0.8mで240円の青いリボンがあります。1mあたりのねだんで比べましょう。

① 1mあたりのねだんを、それぞれ求めましょう。　(式・答え各5点)

〈赤〉 式

答え ＿＿＿＿＿＿＿＿＿＿＿＿＿＿

〈青〉 式

答え ＿＿＿＿＿＿＿＿＿＿＿＿＿＿

② 1mあたりでは、どちらが安いですか。　(10点)

（　　　　　　　　　）

3 面積が6km²で人口が24000人の町の人口密度を求めましょう。

式　　　　　　　　　　　　　　　　　(式・答え各5点)

答え ＿＿＿＿＿＿＿＿＿＿＿＿＿＿

4 3m²の学習園に360gの肥料をまきました。
1m²あたり何gの肥料をまいたことになりますか。　(式・答え各5点)

式

答え ＿＿＿＿＿＿＿＿＿＿＿＿＿＿

単位量あたりの大きさ

| | 月 日 | 名前 | | /100点 |

1 右の表は、東小学校と西小学校の運動場の面積と、児童数を表しています。

	面積(m²)	児童数(人)
東小学校	12250	980
西小学校	6480	540

① 1m²あたりの児童数をそれぞれ求めましょう。（わり切れないときは四捨五入して、小数第三位までのがい数で表しましょう）

(式・答え各5点)

〈東小〉 式

答え _____

〈西小〉 式

答え _____

② 1人あたりの面積を、それぞれ求めましょう。 (式・答え各5点)

〈東小〉 式

答え _____

〈西小〉 式

答え _____

③ どちらがこんでいますか。 (10点)

( )

2 下の表は、A町とB町の人口と面積を調べたものです。

	人口(人)	面積(km²)
A町	24100	51
B町	20800	39

① それぞれの人口密度を、小数第一位を四捨五入して整数で表しましょう。 (式・答え各5点)

〈A町〉 式

答え _____

〈B町〉 式

答え _____

② どちらがこんでいますか。 (10点)

( )

3 20m²の学習園から、18kgのイモがとれました。同じようにしゅうかくできるとすると、27kgのイモをとるためには何m²の学習園が必要ですか。 (式・答え各10点)

式

答え _____

速さ

1　下の表は、まきさんとれんさんとりくさんが走ったときの記録です。

	時間(秒)	道のり(m)
まきさん	40	200
れんさん	50	210
りくさん	40	210

① まきさんとりくさんは、同じ時間（40秒）走りました。
どちらが速く走りましたか。　　　　　　　　　　(10点)

（　　　　　　　　）

② れんさんとりくさんは、同じ道のり（210m）を走りました。
どちらが速く走りましたか。　　　　　　　　　　(10点)

（　　　　　　　　）

③ まきさんとれんさんが１秒あたりに進んだ道のりを求めましょう。　　　　　　　　　　(完答各5点)

〈まきさん〉　□　÷　□　=　□

〈れんさん〉　□　÷　□　=　□

④ どちらが速いですか。　　　　　　　　　　(10点)

（　　　　　　　　）

⑤ 3人を、速い順にならべましょう。　　　　　　　　(10点)

（　　　　　→　　　　　→　　　　　）

2 3時間で180kmの道のりを走る自動車の時速を求めましょう。

（式・答え各5点）

式

答え

3 時速80kmの速さで走る自動車があります。 （式・答え各5点）

① 4時間で進む道のりは何kmですか。

式

答え

② 200kmの道のりを走るには、何時間何分かかりますか。

式

答え

4 分速800mの速さで走る電車が、12分間に進む道のりは何mですか。

（式・答え各5点）

式

答え

5 秒速1.5mで歩く人は、180m進むのに何秒かかりますか。

（式・答え各5点）

式

答え

速さ

1 　にあてはまる言葉を書きましょう。 （各5点）

① 速　さ＝ ☐ ÷ ☐

② 道のり＝ ☐ × ☐

③ 時　間＝ ☐ ÷ ☐

2 5時間で190km進む車と、3時間で108km進むバスがあります。

① 車の時速を求めましょう。 （式・答え各5点）

式

答え _____

② バスの時速を求めましょう。 （式・答え各5点）

式

答え _____

③ 車とバスでは、どちらが速いですか。 （5点）

（　　　　　　）

3 分速300mで走る自転車が12分間に進む道のりは何mですか。

（式・答え各5点）

式

答え _____

4 秒速240mの飛行機が12km進むのにかかる時間は何秒ですか。

（式・答え各5点）

式

答え _____

5 5分間に7500m走る電車の、分速と時速をそれぞれ求めましょう。

（式・答え各5点）

〈分速〉 式

答え _____

〈時速〉 式

答え _____

6 表の（ ）にあてはまる数を書きましょう。

（（ ）1つ5点）

	秒速	分速	時速
バス	10m	（①　　　　）m	36km
新幹線	（②　　　　）m	4.5km	270km
ジェット機	（③　　　　）m	15km	（④　　　　）km

速さ

★★
1 新幹線が、540kmの道のりを2時間30分で走りました。

(式・答え各5点)

① 時速を求めましょう。

式

答え

② 分速を求めましょう。

式

答え

③ 秒速を求めましょう。

式

答え

★
2 表の（　）にあてはまる数を書きましょう。

(（　）1つ5点)

	秒速	分速	時速
バス	（①　　　）m	（②　　　）m	54km
新幹線	（③　　　）m	4.2km	（④　　　）km
飛行機	240m	（⑤　　　）km	（⑥　　　）km

3 時速54kmで走るバスが90分間走り続けると、何km進みますか。

(式・答え各5点)

式

答え

4 秒速140mで進むリニアモーターカーが50分間走り続けると、何km進みますか。

(式・答え各5点)

式

答え

5 打ち上げ花火が見えてから、4秒後に音が聞こえました。音の速さを秒速340mとすると、打ち上げた場所から何mはなれていると考えられますか。

(式・答え各5点)

式

答え

6 みゆさんの家から博物館まで、バスで15分かかります。バスが時速48kmで走るとき、みゆさんの家から博物館までの道のりは何kmですか。

(式・答え各5点)

式

答え

図形の面積

月	日	名前	

👑 正しい公式の方に進んで、ゴールのおたからまで行こう！

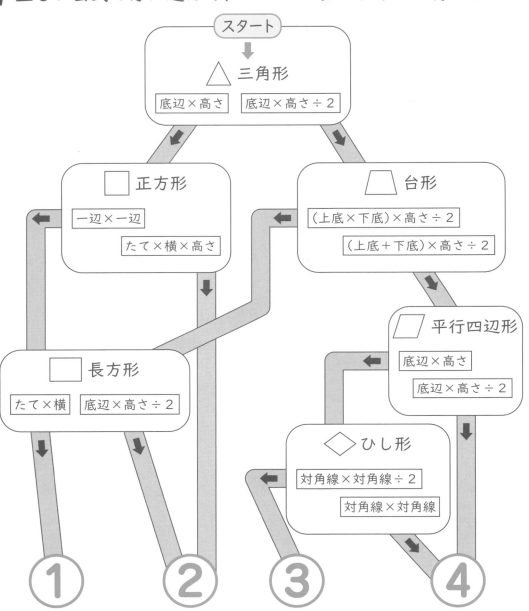

★①～④のどれかがおたからだよ。答えは、右ページの問題にチャレンジして確かめよう！★

2 ［　］にあてはまる数や言葉を［　］から選んで記号で書こう。
最後に記号を①～⑦までつなげて読むと、左ページの答えがわかるよ。

（1）右の平行四辺形で、色のついた部分を切り取って動かすと［①　］になるよ。

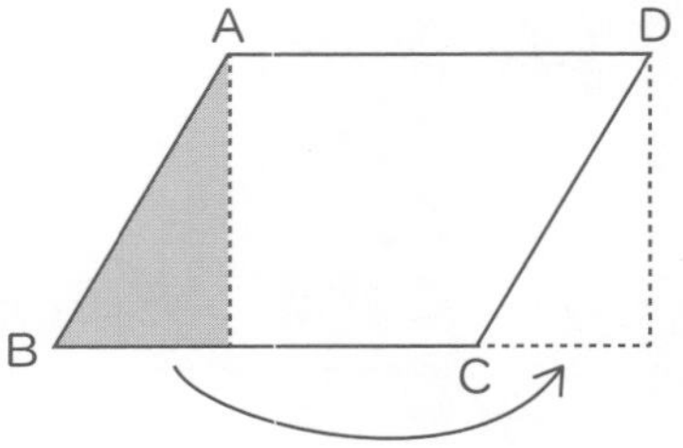

平行四辺形の面積＝［②　］×［③　］

（2）右の三角形で、同じ三角形を合わせると［④　］になるよ。

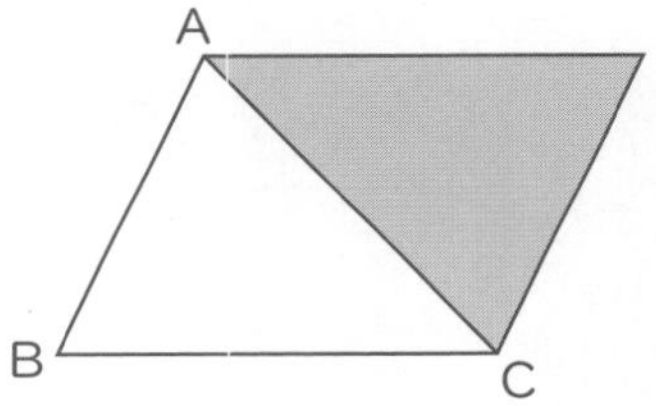

三角形の面積＝［②　］×［③　］÷［⑤　］

（3）右の台形で、同じ台形を合わせると［④　］になるよ。

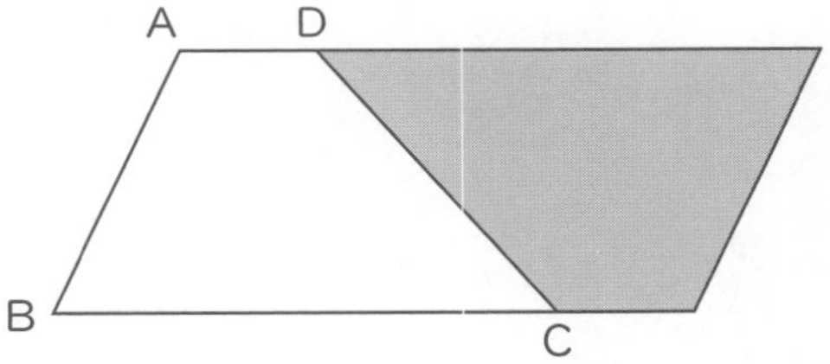

台形の面積 ＝（［⑥　］＋［⑦　］）×［③　］÷［⑤　］

㋶ 平行四辺形	㋕ 高さ	㋚ 上底	㋩ 2
㋔ 長方形	㋻ 下底	㋟ 底辺	

①	②	③	④	⑤	⑥	⑦

1 三角形の面積の求め方を考えます。◯にあてはまる言葉や数を◯から選んで書きましょう。（2回使うものもあります）

（完答各10点）

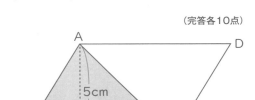

① 三角形 ABC を 2 つ合わせると ◯ になります。

② BC を底辺、AE を高さとすると、三角形の面積は、

◯ × ◯ ÷ ◯ で求められます。

③ 三角形 ABC の面積は、

8 × ◯ ÷ ◯ = ◯（cm²）になります。

| 底辺 | 平行四辺形 | 高さ | 2 | 5 | 20 |

2 次の平行四辺形の面積を求めましょう。

（式・答え各5点）

①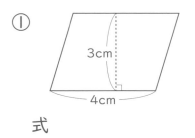

3cm
4cm

式

答え

②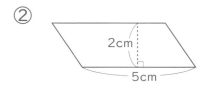

2cm
5cm

式

答え

⭐ **3** 次の図形の面積を求めましょう。

（式・答え各5点）

①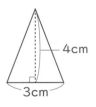

式

答え _____

②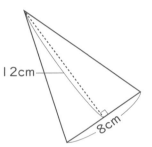

式

答え _____

③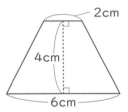

式

答え _____

④

式

答え _____

⑤ 〈ひし形〉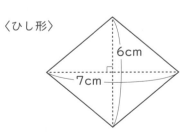

式

答え _____

月　日　名前　　　　　　　　　　　　　　　　　　/100点

★
1 次の図形の面積を求めましょう。　　　　　　　（式・答え各5点）

① 〈平行四辺形〉

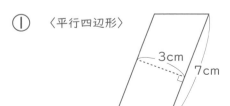

3cm
7cm

式

答え _____

②

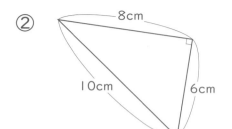

8cm
10cm
6cm

式

答え _____

③

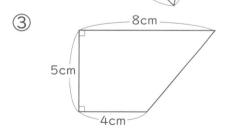

8cm
5cm
4cm

式

答え _____

★
2 次の図形の高さを求めましょう。　　　　　　　（式・答え各5点）

① 〈平行四辺形〉

12cm²
□cm
3cm

②

6cm
24cm²
□cm

式

答え _____

式

答え _____

❸ 次のひし形の面積を求めましょう。　　　　　　　　　（式・答え各5点）

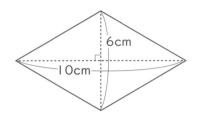

式

答え _____

❹ 平行な2本の直線に高さを合わせて、三角形をかきました。

① 三角形㋐、㋑、㋒の面積を求めましょう。　　　　　（各5点）

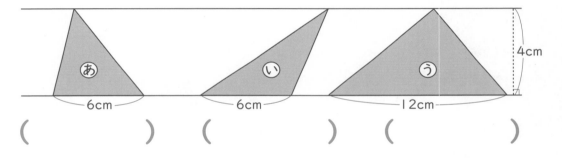

(　　　　　)　(　　　　　)　(　　　　　)

② ㋒の面積が㋐、㋑の2倍になるわけを、「底辺」と「高さ」を使って説明しましょう。　　　　　　　　　　　　（5点）

(

)

❺ 次の平行四辺形の、色のついたところの面積を求めましょう。

（式・答え各10点）

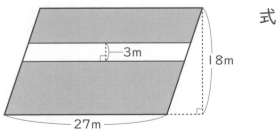

式

答え _____

図形の面積

／100点

1 次の図形の面積を求めましょう。

（式・答え各5点）

① 〈平行四辺形〉

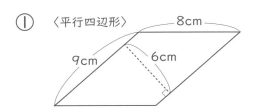

式

答え _____

②

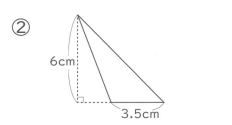

式

答え _____

③ 〈ひし形〉

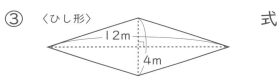

式

答え _____

④

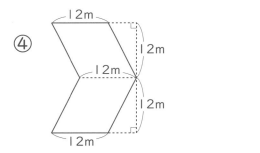

式

答え _____

2 次の台形の高さを求めましょう。

（式・答え各5点）

式

答え _____

110

次の図形の色のついたところの面積を求めましょう。

（①式・答え各10点、②式・答え各5点）

①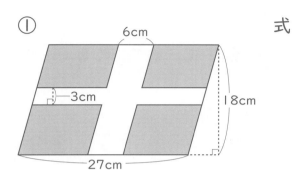

式

答え _____

②

式

答え _____

④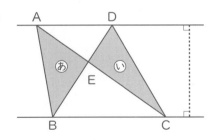

平行な２本の直線に、三角形ABCと三角形DBCをかきました。
（　）にあてはまる数や言葉を書きましょう。

（（　）1つ5点）

三角形ABCと三角形DBCは底辺の長さと（① 　　　　）が等しい三角形です。だから、三角形ABCの面積が20cm²のとき、三角形DBCの面積は（② 　　　）cm²です。

⑧の面積は、三角形ABCから三角形EBCをひいたものです。⑩の面積も三角形DBCから三角形（③ 　　　）をひいたものです。だから⑧と⑩の面積は（④ 　　　）です。

割合

月　　日　名前

👑 次の「割合（わりあい）」と「歩合（ぶあい）」と「百分率（ひゃくぶんりつ）」を見て、等しいものを線で結ぼう！

割合	歩合	百分率
0.5	3割2分5厘（ぶ・りん）	50%
0.325	10割8分	8%
1.8	3割	180%
0.08	5割	32.5%
0.3	18割	108%
1.08	8分	30%

2 同じ定価の品物を、A、B、C のお店で下のように売っていたよ。どのお店で買うのがおトクかな？

① 200円の牛にゅう

   A　20％引き
   B　50円引き
   C　定価の85％

（　　　　　）

② 1500円のケーキ

   A　1割引き
   B　100円引き
   C　15％引き

（　　　　　）

③ 6850円のセーター

   A　半額
   B　48％引き
   C　3000円引き

（　　　　　）

割合

1 次の文で、割合を求めるときのもとにする量を □ で囲み、比べられる量はその下に〜〜〜をひきましょう。　　　（完答各10点）

① 10題の問題のうち、8題が正答だったときの、正答の割合。

② 5本のシュートのうち、3本が成功したときの、成功した割合。

2 小数や整数で表した割合を、百分率で表しましょう。　　（各5点）

① 0.85　　　② 1.2　　　③ 2

（　　　　　）（　　　　　）（　　　　　）

3 百分率で表した割合を、小数で表しましょう。　　（各5点）

① 3%　　　② 75%　　　③ 125%

（　　　　　）（　　　　　）（　　　　　）

4 □ にあてはまる数を書きましょう。　　（各5点）

① 8mをもとにした6mの割合は □ です。

② 14人は、35人の □ %です。

5 ◻ にあてはまる言葉を書きましょう。 (各5点)

① 比べられる量＝ ◻ ×割合

② もとにする量＝ ◻ ÷割合

6 公園にいる120人のうち、45%が子どもでした。
子どもの人数は何人ですか。 (式・答え各5点)

式

答え _____

7 さわさんは、本を120ページ読みました。これは全体の80%
にあたります。この本は何ページありますか。 (式・答え各5点)

式

答え _____

8 そうたさんは、4600円のゲームソフトを25%引きのねだんで
買いました。代金はいくらですか。 (式・答え各5点)

式

答え _____

割合

1 表の（　）にあてはまる数を書きましょう。　　　　　((　) 1つ5点)

わりあい 割合を表す小数	0.07	(①　　　　)	4
ひゃくぶんりつ 百 分率	(②　　　) %	98%	(③　　　) %

2 ◯ にあてはまる数を書きましょう。　　　　　(各5点)

① 5 kgは、20kgの ◯ ％です。

② 240Lの65％は、 ◯ Lです。

③ 160人の ◯ ％は、192人です。

3 くじびきをしました。ふみかさんは、12回ひいて3回当たり
が出ました。当たりが出たのは何％ですか。　　　(式・答え各5点)

式

答え

4 今週保健室へ来た85人のうち、けがをした人は60％でした。
けがをした人は何人ですか。　　　　(式・答え各5点)

式

答え

116

5 みなとさんは、7500円貯金しています。これは目標の25%です。いくら貯金しようとしていますか。 (式・答え各5点)

式

答え

6 ある町の公園の面積は640m²で、そのうち288m²がしばふになっています。しばふの部分の割合を求めます。

① もとにする量と比べられる量は何ですか。 (各5点)

もとにする量…（　　　　　　　）の面積

比べられる量…（　　　　　　　）の面積

② しばふの部分の割合はいくらですか。 (式・答え各5点)

式

答え

7 330円のチョコレートがあります。
　このチョコレートのねだんは去年より10%上がったそうです。

(式・答え各5点)

① 去年のねだんを求めましょう。

式

答え

② なみさんはこのチョコレートを20%引きのねだんで買いました。代金はいくらですか。

式

答え

月　日　名前　　　　　　　　　　　　　　/100点

1 小数や整数で表した割合を、百分率で表しましょう。　（各5点）

① 0.02 （　　　　　　）　② 0.91 （　　　　　　）

③ 2.6 （　　　　　　）　④ 1.83 （　　　　　　）

2 百分率で表した割合を、小数で表しましょう。　（各5点）

① 3% （　　　　　　）　② 16% （　　　　　　）

③ 107% （　　　　　　）　④ 225% （　　　　　　）

3 かずきさんのクラス35人のうち、習い事を2つ以上している人は14人です。

習い事を2つ以上している人の割合を求めましょう。（式・答え各5点）

式

答え _____

4 ヘチマの種を96個まいたら、72個芽が出ました。芽が出たのは何%ですか。

（式・答え各5点）

式

答え _____

5 12kmのハイキングコースのうち、65%を歩きました。

(式・答え各5点)

① 何km歩きましたか。

式

答え _____

② 残りは何kmですか。

式

答え _____

6 お店で1095円使いました。これは持っていたお金の75%です。持っていたお金はいくらですか。

(式・答え各5点)

式

答え _____

7 450g入りのビスケットを、20%増量で売ります。
ビスケットは何g入りになりますか。

(式・答え各5点)

式

答え _____

予想とくてん…　　　点　　119

割合とグラフ

1 　下のグラフは、給食委員会が学校全体で行った「好きな給食のメニュー」のアンケート結果です。

好きな給食メニュー（学校全体）

カレーライス	ハンバーグ	焼きそば	肉じゃが	からあげ	その他

0　10　20　30　40　50　60　70　80　90　100

① 　左のグラフは何グラフですか。　（10点）

（　　　　　　　）

② 　それぞれの割合は何％ですか。　（各5点）

カレーライス　　　　　　　ハンバーグ　　　　　　　焼きそば

（　　　　）（　　　　）（　　　　）

肉じゃが　　　　　　　からあげ　　　　　　　その他

（　　　　）（　　　　）（　　　　）

③ 　カレーライスの割合は、肉じゃがの割合の何倍ですか。　（10点）

（　　　　　　　）

④ 　この学校の児童数は400人です。
　　次のメニューを選んだのは、何人ですか。　（式・答え各5点）

〈カレーライス〉　式

答え

〈ハンバーグ〉　式

答え

❷ 右の円グラフを見て答えましょう。

地区別の子どもの人数

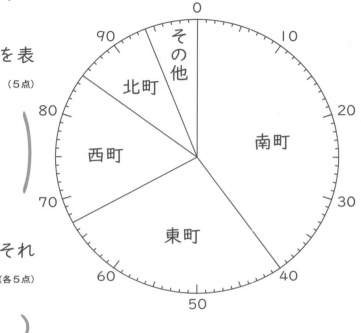

① この円グラフは何を表していますか。 (5点)

(　　　　　　　　)

② 次の町の割合は、それぞれ何％ですか。 (各5点)

南町 (　　　　　　)

東町 (　　　　　　)

③ 南町の割合は、西町の割合のおよそ何倍ですか。 (5点)

(　　　　　　)

④ 全員で200人だとすると、西町の子どもの人数は何人ですか。

(式・答え各5点)

式

答え _____

割合とグラフ

1 右の表は、学校の図書室で、11月に貸し出した本の数と割合を、種類別に表したものです。

図書室で貸し出した本の数と割合（11月）

種類	数（さつ）	百分率（%）
物語	90	(あ　　　)
科学	(い　　　)	20
伝記	30	15
図かん	(う　　　)	(え　　　)
その他	14	(お　　　)
合計	200	100

① 表の（　）にあてはまる数を書きましょう。

（（　）1つ5点）

② 科学は、全体の何分の1ですか。　　(5点)

（　　　　　　　）

③ 本の種類別の割合を、下の円グラフにかきましょう。　　(20点)

図書室で貸し出した本の数の割合（11月）

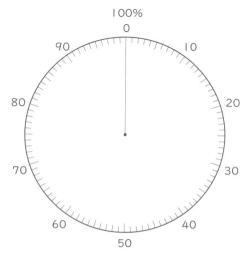

2 下のグラフは2000年と2020年の、ある小学校の1年間のけが調べの結果を、けがをした場所別に表したものです。 (( ) 1つ10点)

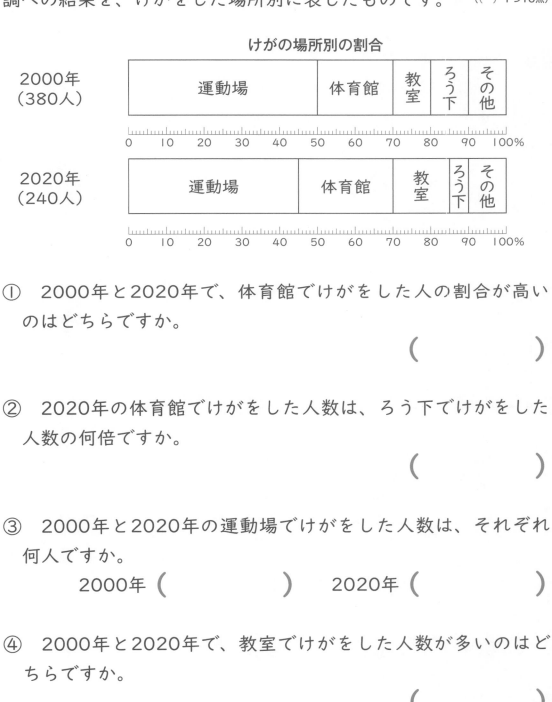

けがの場所別の割合

① 2000年と2020年で、体育館でけがをした人の割合が高いのはどちらですか。

( )

② 2020年の体育館でけがをした人数は、ろう下でけがをした人数の何倍ですか。

( )

③ 2000年と2020年の運動場でけがをした人数は、それぞれ何人ですか。

2000年 ( )   2020年 ( )

④ 2000年と2020年で、教室でけがをした人数が多いのはどちらですか。

( )

正多角形と円

月　　日　名前

 いろいろな図形があるよ。

① 正多角形が4つあるよ。○で囲もう。

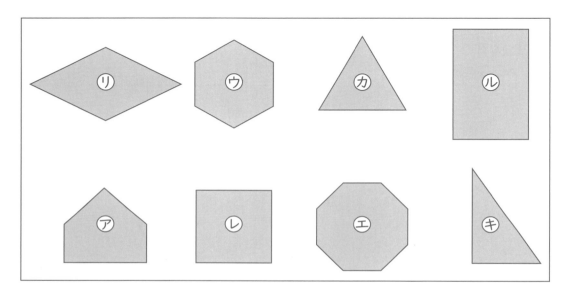

 正多角形とは、辺の長さがすべて等しく、
角の大きさもすべて等しい多角形のことだよ。

② ①の正多角形の記号を、円に近い順にならべかえて読んでみ
よう。どんな言葉が出てくるかな？

 右ページの「円周率」を
発見したアルキメデスが
言ったとされる言葉だよ。

2 3.14ずつ数が大きくなるように進んで、ゴールまで行こう！

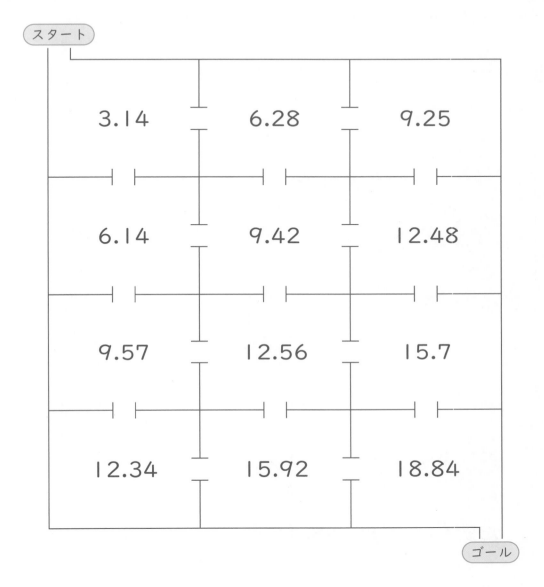

3.14は「円周率」だよね。

そうだよ。本当は「3.1415926535……」ともっと続くんだ。

125

正多角形と円

用意するもの…ものさし、分度器

1 下の図形の中から正多角形を 3 つ選び、その名前を書きましょう。

（完答各10点）

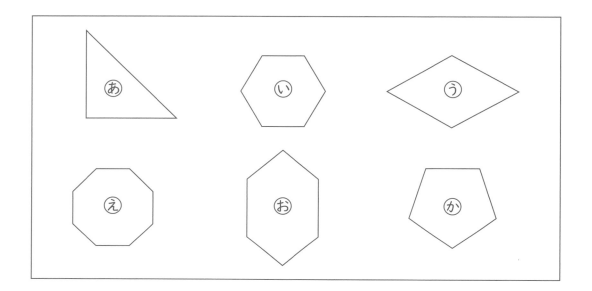

① 記号 （　　　） 名前 （　　　　　　　　　）

② 記号 （　　　） 名前 （　　　　　　　　　）

③ 記号 （　　　） 名前 （　　　　　　　　　）

2 □にあてはまる言葉を書きましょう。

（完答各10点）

① 円周率 ＝ □ ÷ □

② 円周 ＝ □ × 円周率

❸ 次の円の円周の長さを求めましょう。 (式・答え各5点)

① 式

答え _____

② 式

答え _____

❹ 次の円の直径の長さを求めましょう。 (式・答え各5点)

① 式

答え _____

②  式

答え _____

❺ 下の図のまわりの長さを求めましょう。 (式・答え各5点)

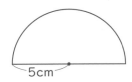 式

答え _____

正多角形と円

1 右の正六角形について、あとの
　問いに答えましょう。　（（　）1つ5点）

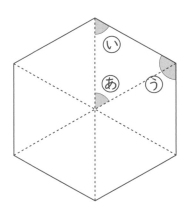

① ……でいくつの三角形に分けら
　れていますか。

（　　　　　　　）

② 次の角の大きさを、分度器を使わずに求めましょう。

角あ（　　　　　　）　　　角い（　　　　　　　）

角う（　　　　　　）

2 次の図形の——は、円の中心の角を等分する線です。この線をも
とに正多角形をかき、中心の角度を（　）に書きましょう。

（図・角度各5点）

① 正三角形　　　② 正六角形　　　③ 正八角形

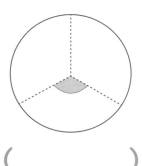
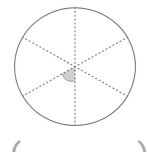
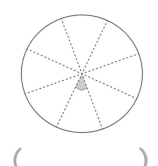

（　　　　　）　（　　　　　）　（　　　　　）

❸ 次の円の円周の長さを求めましょう。　(式・答え各5点)

① 直径8cmの円

式

答え _____

② 半径10cmの円

式

答え _____

❹ 次の円の直径の長さを求めましょう。　(式・答え各5点)

円周
125.6cm

◯cm

式

答え _____

❺ 次の図の太い線の長さを求めましょう。　(式・答え各5点)

①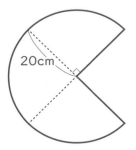

20cm

式

答え _____

②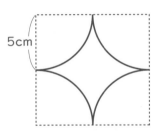

5cm

式

答え _____

正多角形と円

1 円の中心を5等分して、線を結ぶと正五角形ができます。（各10点）

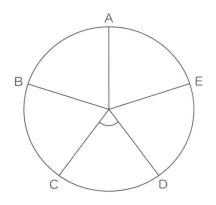

① 円の中心を5等分した1つ分の角は何度ですか。

（　　　　　　）

② 左の図のAとB、BとC、CとD、DとE、EとAを順に結んで正五角形をかきましょう。

③ 正五角形の中にできる三角形はどんな三角形ですか。

（　　　　　　）

2 右の図で、外側の円の円周の長さは、内側の円の円周の長さより何cm長いですか。

（式・答え各10点）

式

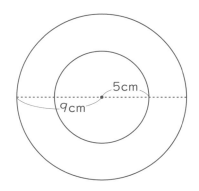

答え _____

3 次の円の円周の長さを求めましょう。 （式・答え各5点）

① 直径12cmの円   ② 半径9cmの円

式   式

答え _____   答え _____

4 次の円の半径の長さを求めましょう。 （式・答え各5点）

式

答え _____

5 次の図の太い線の長さを求めましょう。 （式・答え各5点）

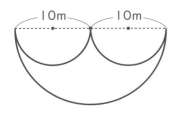

式

答え _____

6 右の図は体育館に作ったトラックの図です。1周の長さを求めましょう。

（式・答え各5点）

式

答え _____

角柱と円柱

月　　　日　名前

 三角柱（さんかくちゅう）ができる展開図（てんかいず）はどれかな？

①

②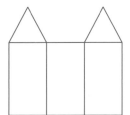

三角柱は、こんな
立体だね。

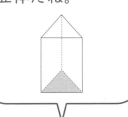

③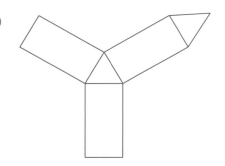

（　　　　　）

どれも底面２まい、側面３まいだけど、
三角柱ができるのは１つだけだよ。

2 立体あてクイズだよ。ヒントをもとに、立体の名前を書こう！

ヒント

- 底面は２まい
- 頂点は12個
- 辺は18本
- 側面は６まい
- 底面の形は六角形

この立体は？

① (　　　　　　　　)

ヒント

- 底面は２まい
- 展開図の側面の形は長方形
- 底面の形は円

この立体は？

② (　　　　　　　　)

ヒント

- 底面は２まい
- 頂点は16個
- 辺は24本
- 側面は８まい
- 底面の形は八角形

この立体は？

③ (　　　　　　　　)

角柱と円柱

月　　日　　名前　　／100点

用意するもの…ものさし、コンパス

1 下の立体について、あとの問いに答えましょう。

あ　　　　　い　　　　　う　　　　　え

① それぞれの立体の名前を書きましょう。　　　　　（各5点）

あ （　　　　　　　　　　） い （　　　　　　　　　　）

う （　　　　　　　　　　） え （　　　　　　　　　　）

② それぞれの側面の数を書きましょう。　　　　　（各5点）

あ （　　　　　　　　　　） い （　　　　　　　　　　）

う （　　　　　　　　　　） え （　　　　　　　　　　）

③ □ にあてはまる言葉を書きましょう。　　　　　（各5点）

・2つの底面はそれぞれ □ になっています。

・側面は底面に対して □ になっています。

2 次の五角柱について調べましょう。

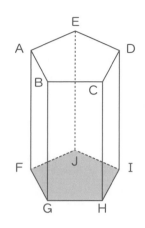

① 底面に垂直な辺をすべて書きましょう。 (各2点)

(辺　　　　　)
(辺　　　　　)
(辺　　　　　)
(辺　　　　　)
(辺　　　　　)

② 辺 BC と平行な辺はどれですか。 (5点)

(辺　　　　　)

③ 辺 AF と平行な辺をすべて書きましょう。 (各5点)

(辺　　　　　)　　(辺　　　　　)
(辺　　　　　)　　(辺　　　　　)

3 次の三角柱の展開図の続きをかきましょう。 (15点)

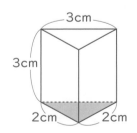

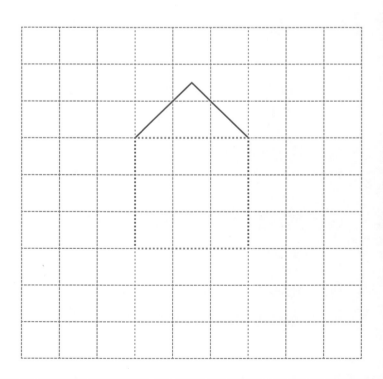

角柱と円柱

| 月 | 日 | 名前 | | /100点 |

用意するもの…ものさし、コンパス

1 次の立体から、角柱と円柱をすべて選び、記号で書きましょう。

(完答各5点)

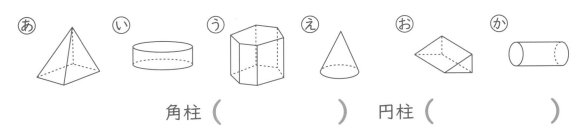

あ　い　う　え　お　か

角柱（　　　　　　　）　円柱（　　　　　　　）

2 六角柱について、形や数を答えましょう。

(各5点)

①　底面の形　②　側面の数　③　頂点の数　④　辺の数
（　　　　　）（　　　　　）（　　　　　）（　　　　　）

3 五角柱の展開図について答えましょう。

((　)1つ5点)

①　底面はどれとどれですか。
（　　　　）（　　　　）

②　高さは何cmですか。
（　　　　　　　）

③　展開図で、AIの長さは何cmですか。　（　　　　　　）

④　組み立てたとき、点Aに集まる点はどれとどれですか。　（　　　　）（　　　　）

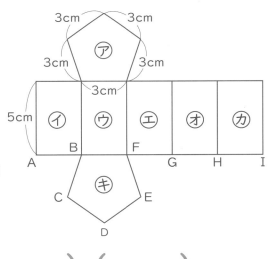

136

★4 右の図のような円柱の展開図をかきます。

(( ) 1つ5点)

① 底面の円の半径は何cmですか。

(　　　　　)

② 展開図の側面はどんな形になりますか。

(　　　　　)

③ 側面のたて、横はそれぞれ何cmですか。
　　　　たて (　　　　　)　横 (　　　　　)

④ 展開図をかきましょう。

(20点)

５年生のまとめ ①

月　　日　　名前　　　　　　　　　　　　　　/100点

1 ☐にあてはまる数を書きましょう。　　　　　（完答各5点）

① 　2.706＝1×☐＋0.1×☐＋0.01×☐＋0.001×☐

② 　5.483は、0.001を☐個集めた数です。

2 次の計算をしましょう。　　　　　　　　　　　　（各5点）

① 　15×3.7

② 　3.2×2.6

③ 　0.38×2.5

④ 　6÷1.5

⑤ 　9.2÷2.3

⑥ 　19.6÷2.8

3 商がわられる数より大きくなる式はどれですか。　（（　）1つ5点）

あ 　1.5÷0.3　　い 　0.9÷3　　う 　3.3÷1.1　　え 　3.2÷0.8

（　　　）（　　　）

★4 次のような形の体積を求めましょう。

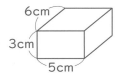（式・答え各5点）

① 式

答え _____

② 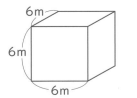 式

答え _____

③ 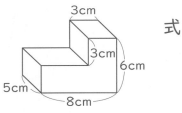 式

答え _____

★5 右の三角形ⓐ、ⓘは合同です。次の辺の長さは何cmですか。

（各5点）

辺 DE （　　　　　　　）　　辺 DF （　　　　　　　）

★★6 5Lの牛にゅうを0.45Lずつコップに入れます。何ばい分できて、何Lあまりますか。

（式・答え各5点）

式

答え _____

5年生のまとめ ②

1 次の問いに答えましょう。　　　　　　　　　　　　（（　）1つ5点）

①　8の倍数と12の倍数を、それぞれ小さい方から3つ書きましょう。

8の倍数（　　　　　　　　　）　12の倍数（　　　　　　　　　）

②　8と12の最小公倍数を書きましょう。　　（　　　　　　　　）

2 次の問いに答えましょう。　　　　　　　　　　　　　　（各5点）

①　2÷5の商を分数で表しましょう。　　　（　　　　　　　）

②　$\frac{3}{8}$を小数で表しましょう。　　　　　　（　　　　　　　）

③　0.47を分数で表しましょう。　　　　　（　　　　　　　）

3 次の計算をしましょう。　　　　　　　　　　　　　　　（各5点）

①　$\frac{3}{4} + \frac{1}{6}$

②　$2\frac{1}{3} + 1\frac{1}{4}$

③　$\frac{7}{8} - \frac{1}{6}$

④　$2\frac{2}{3} - 1\frac{4}{7}$

4 あ、いの角度は何度ですか。計算で求めましょう。 (各5点)

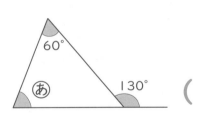 ( ) 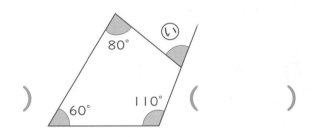 ( )

5 右の表は、さやかさんの漢字テストの結果です。
平均何点ですか。 (式・答え各5点)

回	1回目	2回目	3回目
点数	78	86	97

式

答え _____

6 次の問いに答えましょう。 (式・答え各5点)

① 260kmの道のりを4時間で走るトラックの速さは、時速何km
ですか。

式

答え _____

② 分速250mの自転車が8.5kmの道のりを進むのにかかる時間
は何分ですか。

式

答え _____

③ 秒速7.9kmで飛ぶロケットが、5分間で進む道のりは何km
ですか。

式

答え _____

5年生のまとめ ③

1 小数で表した割合は百分率に、百分率は小数で表した割合に
なおしましょう。　　　　　　　　　　　　　　　　　　　（各5点）

① 0.4 （　　　　　　　）　② 0.75 （　　　　　　　）

③ 36% （　　　　　　　）　④ 120% （　　　　　　　）

2 □ にあてはまる数を書きましょう。　　　　　　　（各5点）

① 3700円の60%は □ 円です。

② 48gは240gの □ %です。

3 パソコンクラブの定員は30人で、希望者数は定員の160%で
した。希望者は何人ですか。　　　　　　　　　　（式・答え各5点）

式

答え _____

4 3500円で仕入れた品物に、利益15%を加えて売ります。
売るねだんはいくらですか。　　　　　　　　　　（式・答え各5点）

式

答え _____

5 次の図形の面積を求めましょう。　　　　　　　　（式・答え各5点）

① 〈平行四辺形〉

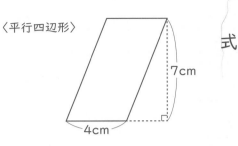

式

答え _____

②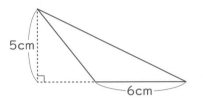

式

答え _____

③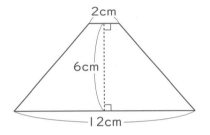

式

答え _____

6 右の展開図を見て答えましょう。

① 組み立ててできる立体の名前
を書きましょう。　　　（10点）

（　　　　　　　　　）

② 辺 BC の長さは何cmですか。
（式・答え各5点）

式

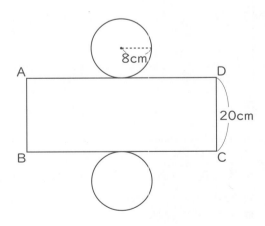

答え _____

学力の基礎をきたえどの子も伸ばす研究会

常任委員長　岸本ひとみ

HPアドレス　http://gakuryoku.info/

事務局　〒675-0032 加古川市加古川町備後 178-1-2-102 岸本ひとみ方　☎・Fax 0794-26-5133

① めざすもの

　私たちは、すべての子どもたちが、日本国憲法と子どもの権利条約の精神に基づき、確かな学力の形成を通して豊かな人格の発達が保障され、民主平和の日本の主権者として成長することを願っています。しかし、発達の基盤ともいうべき学力の基礎を鍛えられないまま落ちこぼれている子どもたちが普遍化し、「荒れ」の情況があちこちで出てきています。

　私たちは、「見える学力、見えない学力」を共に養うこと、すなわち、基礎の学習をやり遂げさせることと、読書やいろいろな体験を積むことを通して、子どもたちが「自信と誇りとやる気」を持てるようになると考えています。

　私たちは、人格の発達が歪められている情況の中で、それを克服し、子どもたちが豊かに成長するような実践に挑戦します。

　そのために、つぎのような研究と活動を進めていきます。

- ① 「読み・書き・計算」を基軸とした学力の基礎をきたえる実践の創造と普及。
- ② 豊かで確かな学力づくりと子どもを励ます指導と評価の探究。
- ③ 特別な力量や経験がなくても、その気になれば「いつでも・どこでも・だれでも」ができる実践の普及。
- ④ 子どもの発達を軸とした父母・国民・他の民間教育団体との協力、共同。

　私たちの実践が、大多数の教職員や父母・国民の方々に支持され、大きな教育運動になるよう地道な努力を継続していきます。

② 会　　員

- 本会の「めざすもの」を認め、会費を納入する人は、会員になることができる。
- 会費は、年4000円とし、7月末までに納入すること。①または②

①郵便振替　口座番号　00920-9-319769	②ゆうちょ銀行
名　　称　学力の基礎をきたえどの子も伸ばす研究会	店番099　店名〇九九店　当座0319769

- 特典　研究会をする場合、講師派遣の補助を受けることができる。
　　　　大会参加費の割引を受けることができる。
　　　　学力研ニュース、研究会などの案内を無料で送付してもらうことができる。
　　　　自分の実践を学力研ニュースなどに発表することができる。
　　　　研究の部会を作り、会場費などの補助を受けることができる。
　　　　地域サークルを作り、会場費の補助を受けることができる。

③ 活　　　　動

全国家庭塾連絡会と協力して以下の活動を行う。

- 全 国 大 会　全国の研究、実践の交流、深化をはかる場とし、年1回開催する。通常、夏に行う。
- 地域別集会　地域の研究、実践の交流、深化をはかる場とし、年1回開催する。
- 合宿研究会　研究、実践をさらに深化するために行う。
- 地域サークル　日常の研究、実践の交流、深化の場であり、本会の基本活動である。
　　　　　　　　可能な限り月1回の月例会を行う。
- 全国キャラバン　地域の要請に基づいて講師派遣をする。

全 国 家 庭 塾 連 絡 会

① めざすもの

　私たちは、日本国憲法と教育基本法の精神に基づき、すべての子どもたちが確かな学力と豊かな人格を身につけて、わが国の主権者として成長することを願っています。しかし、わが子も含めて、能力があるにもかかわらず、必要な学力が身につかないままになっている子どもたちがたくさんいることに心を痛めています。

　私たちは学力研が追究している教育活動に学びながら、「全国家庭塾連絡会」を結成しました。

　この会は、わが子に家庭学習の習慣化を促すことを主な活動内容とする家庭塾運動の交流と普及を目的としています。

　私たちの試みが、多くの父母や教職員、市民の方々に支持され、地域に根ざした大きな運動になるよう学力研と連携しながら努力を継続していきます。

② 会　　　　員

　本会の「めざすもの」を認め、会費を納入する人は会員になれる。

　会費は年額1500円とし（団体加入は年額3000円）、8月末までに納入する。

　会員は会報や連絡交流会の案内、学力研集会の情報などをもらえる。

事務局　〒564-0041 大阪府吹田市泉町 4-29-13 影浦邦子方　☎・Fax 06-6380-0420

郵便振替　口座番号　00900-1-109969　　名称　全国家庭塾連絡会

テスト式！点数アップドリル　算数　小学5年生

2024 年 7 月 10 日　第 1 刷発行

- ●著者／川岸　雅詩
- ●編集／金井　敬之
- ●発行者／面屋　洋
- ●発行所／清風堂書店
　〒530-0057　大阪市北区曽根崎 2-11-16
　TEL ／ 06-6316-1460
- ●印刷／尼崎印刷株式会社
- ●製本／株式会社高廣製本
- ●デザイン／美濃企画株式会社
- ●制作担当編集／青木　圭子
- ●企画／フォーラム・A
- ●HP ／ http://www.seifudo.co.jp/

*本書は、2022 年 1 月にフォーラム・Aから刊行したものを改訂しました。

※乱丁・落丁本は、お取り替えいたします。

チェック＆ゲーム

整数と小数

 りす

👑2 ① ねこ　② きりん
　　③ ぞう　　④ いぬ

p.8-9　**整数と小数** 🌸○（やさしい）

1　（上から）　3、2、1、4

2　① 0 < 0.1　② 5.978 < 6

3　① 21.5　② 7.3
　　③ 456　④ 3920

4　① 2.51　② 0.48
　　③ 0.198　④ 0.075

5　① 1423　② 819
　　③ 26700　④ 53.14
　　⑤ 0.0395　⑥ 0.0476

p.10-11　**整数と小数** ○🐾（ちょいムズ）

1　① 0.001
　　②（左から）　2、8、4
　　③（左から）　5、0、1、7

2　① 0.001 > 0
　　② 35 > 35.1 − 3.5

3　① 5713個　② 182個

4　① 42.3　② 423　③ 4230

5　① $\frac{1}{10}$　② $\frac{1}{1000}$　③ $\frac{1}{100}$

6　① 9231　② 2830
　　③ 4.79　④ 0.6237

7　① 13.579
　　② 97.513
　　③ 71.359

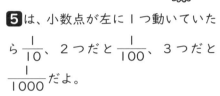 ── ピィすけ★アドバイス ──

5は、小数点が左に1つ動いていたら$\frac{1}{10}$、2つだと$\frac{1}{100}$、3つだと$\frac{1}{1000}$だよ。

7は、いちばん大きい数が97.531だから、小さい位の3と1を入れかえれば2番目に大きな数が見つかるよ。

p.12-13　**チェック＆ゲーム**　体積

👑1　○い

👑2　① ㋐　② ㋘　③ ㋺
　　④ ㋑　⑤ ㋭　⑥ ㋕
　　⑦ ㋥　⑧ ㋓　⑨ ㋸

 答え　ふくろ

── ピィすけ★アドバイス ──

👑1は、石の体積＝たて×横×高さ（水面が上がった2cm）と考えられるよ。

㋐の石は 4×12×2 で96cm³、い の石は 5×10×2 で100cm³ だよ。

1　直方体の体積＝たて×横×高さ

　　立方体の体積＝1辺×1辺×1辺

2　① 12個

　　② 12cm³

3　① 式　2×4×3＝24

　　　　　　　　　　答え　24cm³

　　② 式　3×3×3＝27

　　　　　　　　　　答え　27cm³

4　① 式　6×4×2＋6×6×2

　　　　＝48＋72

　　　　＝120　　　答え　120m³

　　② 式　3×10×6－3×4×2

　　　　＝180－24

　　　　＝156　　　答え　156m³

5　① たて　10cm

　　　　横　　10cm

　　　　高さ　5cm

　　② 式　10×10×5＝500

　　　　　　　　　　答え　500cm³

1　① 式　6×6×6＝216

　　　　　　　　　答え　216cm³

　　② 式　4×2.5×8＝80

　　　　　　　　　答え　80cm³

　　③ 式　3×6×7＝126

　　　　　　　　　答え　126cm³

　　④ 式　5×5×5＝125

　　　　　　　　　答え　125cm³

2　① 10cm

　　② 1000cm³

　　③ 1m

　　④ 1000000cm³

3　式　10×12×2－5×4×2

　　　＝240－40

　　　＝200　　　答え　200cm³

4　式　（16－4）×（24－4）×（12－2）

　　　＝12×20×10

　　　＝2400　　　答え　2400cm³

ピィすけ★アドバイス

4は、厚さ2cmがポイントだね。
たてと横は左右の分の厚みで－4、
高さは底の厚みだけだから－2をし
て内のりを出して計算するよ。

体積 ☐☐✿（ちょいムズ）

1 ① 式　0.5×0.8×1.2＝0.48

　　　　　　　　答え　0.48m³

　② 式　0.4×0.4×0.4＝0.064

　　　　　　　　答え　0.064m³

2 ① 式　5×4×3＝60

　　　　　　　　答え　60cm³

　② 式　8×8×8＝512

　　　　　　　　答え　512cm³

3 式　180÷(5×9)＝4　　答え　4cm

4 ① 式　6×12×4＋6×2×6

　　　　＝288＋72

　　　　＝360　　　　答え　360cm³

　② 式　9－5＝4

　　　　9×9×9－4×4×4

　　　　＝729－64

　　　　＝665　　　　答え　665cm³

5 式　(36－1)×(21－1)＝700

　　　3.5L＝3500cm³

　　　3500÷700＝5

　　　5＋0.5＝5.5　　　答え　5.5cm

6 式　700×2＝1400　　答え　1400cm³

ピィすけ★アドバイス

5は、まずたて、横の内のりを求めよう。「つくえからの高さ」を聞かれているから、最後に厚みの0.5をたすのをわすれずにね！

  チェック＆ゲーム　比例

1 ①

妹の年れい(オ)	1	2	3	4	5	6
兄の年れい(オ)	3	4	5	6	7	8

　②

使った数(こ)	1	2	3	4	5	6
残りの数(こ)	9	8	7	6	5	4

　③ ○

横の長さ(cm)	1	2	3	4	5	6
面積(cm²)	3	6	9	12	15	18

2 ① 30だん

　② 105だん

　③ 11階

ピィすけ★アドバイス

2階へ行くには、15だんのぼるよね。3階へ行くには、30だん。つまり、行く階より1小さい数を15にかけると何だんのぼるかわかるんだ。①は15×2、②は15×7だね。③は、150÷10＝10、10＋1＝11で11階になるよ。

比例 ✿☐（やさしい）

1 ①

高さ□(cm)	1	2	3	4	5	6
体積○(cm³)	10	20	30	40	50	60

　② 2倍、3倍、……になる。

　③ 比例している。

　④ 100cm³

　⑤ 15cm

2 ① ×

　② ◎

3 ① 15（cm²）

　② 175（円）

　③ 200（g）

比例 ☆❁ （ちょいムズ）

1

①
長さ□(m)	0	1	2	3	4	5
重さ○(kg)	0	16	32	48	64	80

② 比例している。

③ 16×□＝○

④ 160kg

⑤ 12m

2

① ×

② ×

③ ◎

3

①
時間□(分)	1	2	3	4	5
水の量○(L)	1.5	3	4.5	6	7.5

1.5×□＝○

②
1辺の長さ□(cm)	1	2	3	4	5
まわりの長さ○(cm)	4	8	12	16	20

□×4＝○

ピィすけ★アドバイス

1の⑤は、③で出した16×□＝○の式に192をあてはめて考えよう。16×□＝192になるから、192÷16で長さ□mが出せるよ。

チェック＆ゲーム

小数のかけ算とわり算

1

① か

② わ

③ か

④ わ

⑤ わ

2

きれいずき

※計算

① 1.2×5＝6

② 300÷2.5＝120

③ 80×2.3＝184

④ 9÷0.6＝15

⑤ 7.56÷6.3＝1.2

小数のかけ算 ❁☆☆ （やさしい）

1

① 10

② 72

③ 10

④ 76.8

2

①
```
   3 4
 × 2.1
 ─────
   3 4
 6 8
 ─────
 7 1.4
```

②
```
   1 3
 × 6.8
 ─────
 1 0 4
 7 8
 ─────
 8 8.4
```

③
```
   7 3
 × 4.5
 ─────
 3 6 5
 2 9 2
 ─────
 3 2 8.5
```

④
```
   3.2
 × 2.4
 ─────
 1 2 8
 6 4
 ─────
 7.6 8
```

⑤
```
   2.1
 × 1.4
 ─────
   8 4
 2 1
 ─────
 2.9 4
```

⑥
```
   1.3
 × 4.6
 ─────
   7 8
 5 2
 ─────
 5.9 8
```

3 ① 21.84　② 2.184

4 い、う　※順不同

5 式 70×2.3＝161 答え 161円

6 式 7.8×5.2＝40.56

答え 40.56cm^2

7 式 350×1.4＝490 答え 490g

p. 30-31 小数のかけ算 ❀✿❀（まあまあ）

1

① 10

② 10

③ 100

④ 7.68

2

① 3.9×3.2

```
    3.9
  × 3.2
     78
  117
  12.48
```

② 7.1×2.7

```
    7.1
  × 2.7
    497
  142
  19.17
```

③ 3.8×0.5

```
  3.8
 ×0.5
 1.9Ø
```

④ 2.43×1.8

```
   2.43
 ×  1.8
   1944
  243
  4.374
```

⑤ 4.18×2.3

```
   4.18
 ×  2.3
   1254
   836
  9.614
```

⑥ 0.7×0.6

```
   0.7
  ×0.6
  0.42
```

3 ① 28.08 ② 2.808

4 (あ)、(え) ※順不同

5 式 21.6×4.8＝103.68

答え 103.68g

6 式 34.5×0.8＝27.6 答え 27.6kg

7 式 4.92×7.5＝36.9 答え 36.9m^2

p. 32-33 小数のかけ算 ❀❀✿（ちょいムズ）

1

① 6.5×7.8

```
     6.5
   × 7.8
     520
   455
   50.7Ø
```

② 9.3×2.5

```
     9.3
   × 2.5
     465
   186
   23.25
```

③ 0.74×2.8

```
    0.74
 ×   2.8
     592
    148
   2.072
```

④ 0.67×3.6

```
    0.67
 ×   3.6
     402
    201
   2.412
```

⑤ 6.18×3.5

```
     6.18
   ×  3.5
     3090
    1854
   21.63Ø
```

⑥ 7.25×5.2

```
     7.25
   ×  5.2
     1450
    3625
   37.7ØØ
```

2

① 8.3×4×2.5＝8.3×(4×2.5)

＝8.3×10

＝83

② 2.6×1.3＋2.4×1.3

＝(2.6＋2.4)×1.3

＝5×1.3

＝6.5

3 ① 63.495 ② 6.3495

4 式　$5.14×0.7＝3.598$

答え　3.598kg

5 式　$1.25×0.8＝1$　　答え　1㎡

6 式　$2500×0.5＝1250$

$2000－1250＝750$

答え　750円

7 式　$10.5－8.6＝1.9$

$8.6×1.9＝16.34$　　答え　16.34

ピィすけ★アドバイス

7は、ある数を□とすると8.6＋□＝10.5だから、10.5－8.6をするとある数がわかるよ。「正しい答え」は、8.6にその数をかければいいね。

p. 34-35　**小数のわり算** （やさしい）

1 ① 80
② 96
③ 243
④ 6

2 ①
```
      4
1.7)6.8
    6 8
      0
```
②
```
      2
2.7)5.4
    5 4
      0
```
③
```
      4
1.9)7.6
    7 6
      0
```
④
```
       7
2.8)19.6
    19 6
       0
```
⑤
```
       7
9.5)66.5
    66 5
       0
```

3 ⓘ、⑤　※順不同

4 ①
```
        12
1.2)14.7
    12
     27
     24
    0.3
```
②
```
        12
1.7)20.9
    17
     39
     34
    0.5
```

5 式　$42÷7.5＝5.6$　　答え　5.6cm

6 式　$3.5÷0.8＝4$あまり0.3

答え　4人に配れて0.3mあまる

ピィすけ★アドバイス

6は、あまりを3mにしないように気を付けよう！

p. 36-37　**小数のわり算** ☆☆☆（まあまあ）

1 ⑤、⑥　※順不同

2 ① $8.7÷2.9$
```
       3
2.9)8.7
    8 7
      0
```
② $23.4÷3.9$
```
        6
3.9)23.4
    23 4
       0
```
③ $14.4÷3.6$
```
        4
3.6)14.4
    14 4
       0
```
④ $3.48÷2.9$
```
        1.2
2.9)3.48
    29
     58
     58
      0
```

⑤ 7.02÷2.7

```
        2.6
2.7)7.0 2
     5 4
     1 6 2
     1 6 2
           0
```

3 ①
```
       1 8
2.8)5 0.6
    2 8
    2 2 6
    2 2 4
        0.2
```
②
```
       1 9
3.3)6 3.1
    3 3
    3 0 1
    2 9 7
        0.4
```

4 え

5 式　2.52÷4.2＝0.6　　　答え　0.6kg

6 式　28÷0.75＝37あまり0.25

答え　37人に分けられて0.25Lあまる

p.38-39　**小数のわり算** ☆☆☆（ちょいムズ）

1 ① 5.52÷2.3
```
        2.4
2.3)5.5 2
    4 6
      9 2
      9 2
         0
```

② 8.74÷4.6
```
        1.9
4.6)8.7 4
    4 6
    4 1 4
    4 1 4
        0
```

③ 3.5÷1.4
```
        2.5
1.4)3.5 0
    2 8
      7 0
      7 0
         0
```

④ 32.2÷3.5
```
          9.2
3.5)3 2.2 0
    3 1 5
        7 0
        7 0
           0
```

⑤ 4.8÷7.5
```
         0.6 4
7.5)4.8 0 0
    4 5 0
      3 0 0
      3 0 0
           0
```

⑥ 0.8÷3.2
```
         0.2 5
3.2)0.8 0 0
      6 4
      1 6 0
      1 6 0
           0
```

2 ①　△　　②　○
③　○　　④　△

3 式　2.73÷2.1＝1.3　　　答え　1.3kg

4 式　33.6÷1.05＝32　　　答え　32kg

5 式　4.5÷0.55＝8あまり0.1

答え　8ぱい分できて0.1Lあまる

6 式　176.4÷12.8＝13.7……

答え　（約）14倍

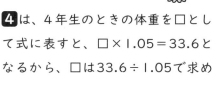

ピィすけ★アドバイス

4は、4年生のときの体重を□として式に表すと、□×1.05＝33.6となるから、□は33.6÷1.05で求められるよ。

チェック＆ゲーム

合同な図形

👑1 ⓤとⓚ、ⓞとⓒ　※順不同

👑2
Ⓐ
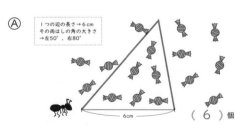
1つの辺の長さ→6cm
その両はしの角の大きさ
→左50°、右80°

6cm （ 6 ）個

Ⓑ
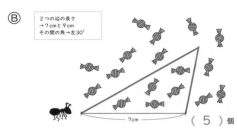
2つの辺の長さ
→7cmと9cm
その間の角→左30°

7cm （ 5 ）個

たくさん集めたのはⒶ（のアリ）

p. 42-43　**合同な図形** 🐾🌼（やさしい）

1 ⓐ　㋑　　ⓘ　㋺

2
① 頂点F
② 頂点D
③ 辺EH
④ 辺CD
⑤ 角H
⑥ 角B

3
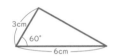
3cm
60°
6cm

4
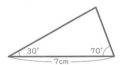
30°　　70°
7cm

5

5cm
4.5cm
3cm

※**3**、**4**、**5** の答えは縮小しています。

p. 44-45　**合同な図形** 🌼🐾（ちょいムズ）

1
① 頂点E
② 頂点F
③ 4 cm
④ 2.5cm
⑤ 70°

2 ㋐、㋔　※順不同

3
① ⓘ
② ⓐ

4
①

3cm　5cm
4cm

②

3cm
70°
4cm

③
3cm
70°

※**4** の答えは縮小しています。

9

p. 46-47 **チェック＆ゲーム**

図形の角

 ②　→　60°

⑥　→　45°　※順不同

 ①　○

②　○

③　×

 Ⓐ　20°　Ⓑ　30°　Ⓒ　25°

Ⓓ　20°　Ⓔ　15°

とんがりぼうしチャンピオンはⒺ

p. 48-49 **図形の角** 🐾🌸 （やさしい）

1 ①　70°

②　80°

③　30°

④　65°

2 ①　110°

②　160°

③　80°

④　100°

3 ①　3本

②　4つ

③　720°

4

	三角形	四角形	五角形	六角形
三角形の数	1	2	3	4
角の大きさの和	180°	360°	540°	720°

p. 50-51 **図形の角** 🌸🐾 （ちょいムズ）

1 ①　60°

②　70°

③　60°

④　120°

2 ①　80°

②　100°

③　70°

④　130°

⑤　100°

⑥　100°

3 ①　110°

②　100°

4 ①　五

②　540°

③　90°

ピィすけ★アドバイス

3 は、六角形の角の大きさの和は720°だから、そこからわかっている角の大きさをひけばいいね。

チェック＆ゲーム

整数の性質

1 ①

〈3の倍数〉　　〈4の倍数〉

3　6　9　15　12　4　8　16　20
18　21　27　24　　　28

②

〈12の約数〉　　〈18の約数〉

4　12　　1
　　　　2　　9　18
　　　　3
　　　　6

2

67	25	19	33	63	15	87	47	93	81	19	63	41	29	5
11	30	2	54	40	57	89	23	45	4	25	51	79	17	37
33	52	13	41	21	73	93	15	50	22	34	70	18	63	43
61	20	91	39	91	25	53	56	31	17	43	58	69	85	79
85	68	48	8	42	87	7	71	83	32	60	6	24	41	63
5	59	75	55	36	47	3	19	63	64	29	62	35	27	55
27	67	27	19	28	77	9	1	10	44	12	38	26	72	13
81	16	66	14	46	65	83	99	97	37	95	74	49	75	7
43	79	81	5	13	25	37	49	15	81	43	67	19	93	55

出てきた言葉 … 5年

3 ① 偶数
② 奇数

p. 54-55 **整数の性質** 🐾☆☆（やさしい）

1 偶数　0、2、4
奇数　3、5、7

2 ① 6、12、18
② 12、24、36

3 ① 12　② 35
③ 24　④ 20

4 ① 1、2、3、6
② 1、2、4、8

5 ① 1、2、4
② 1、3、9

6 ① 3　② 9
③ 14　④ 3

7 40cm

8 10cm

ピィすけ★アドバイス

7は、5と8の最小公倍数を、**8**は、20と30の最大公約数を見つけるよ。

p. 56-57 **整数の性質** 🐾🐾☆（まあまあ）

1 偶数　22、44、66
奇数　33、77、99

2 ① 12、24、36
② 10、20、30

3 ① 28　② 10
③ 18　④ 24

4 ① 1、3、9
② 1、2、3、4、6、9、
12、18、36

5 ① 1、2、4
② 1、2、7、14

6 ① 最小公倍数　36
最大公約数　1

② 最小公倍数　240
　　最大公約数　4

7　午前10時30分

8　6人

p.58-59 **整数の性質** ✿✿🐾（ちょいムズ）

1　①　奇数
　　②　偶数

2　①　8、16、24
　　②　36、72、108
　　③　100、200、300

3　①　1、2、3、4、6、12
　　②　1、2、4、5、8、10、16、20、
　　　　40、80

4　①　1、3
　　②　1、2、4
　　③　1

5　①　最小公倍数　108
　　　　最大公約数　3
　　②　最小公倍数　180
　　　　最大公約数　12

6　午前9時45分

7　18cm

8　なすび　　10ふくろ
　　きゅうり　6ふくろ
　　ピーマン　5ふくろ

ピィすけ★アドバイス

8は、3と5と6の最小公約数を見つけてね。その数になるには何ふくろ必要か考えよう。

p.60-61 **チェック＆ゲーム**
分数と小数、整数の関係

1
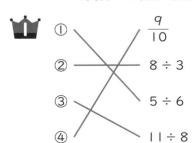
①　　　　　　　$\frac{9}{10}$
②　　　　　　　8 ÷ 3
③　　　　　　　5 ÷ 6
④　　　　　　　11 ÷ 8

⑤　　　　　　　3.5
⑥　　　　　　　$\frac{17}{10}$
⑦　　　　　　　$\frac{7}{100}$

2　①　ド
　　②　ラ
　　③　キ
　　④　ュ
　　⑤　ラ

p.62-63 **分数と小数、整数の関係**

🐾✿（やさしい）

1　①　$\frac{3}{5}$
　　②　$\frac{7}{4}$

2　①　6　　②　2
　　③　2　　④　9
　　⑤　12　　⑥　12

3 ① $\frac{6}{10}$ > 0.4

② 0.75 > $\frac{5}{8}$

4 ① 0.75 ② 0.6

③ 0.5 ④ 0.7

⑤ 2 ⑥ 3

5 ① $\frac{6}{10}$ $\left(\frac{3}{5}\right)$ ② $\frac{12}{10}$ $\left(\frac{6}{5}\right)$

③ $\frac{47}{100}$ ④ $\frac{5}{100}$ $\left(\frac{1}{20}\right)$

⑤ $\frac{38}{10}$ $\left(\frac{19}{5}\right)$ ⑥ $\frac{629}{100}$

6 ① $\frac{4}{5}$倍

② $\frac{3}{16}$倍

③ $\frac{3}{5}$

p.64-65 **分数と小数、整数の関係**

☁🐾（ちょいムズ）

1 ① $\frac{5}{9}$ ② $\frac{7}{13}$

③ $\frac{8}{3}$ ④ $\frac{15}{19}$

2 ① 11÷8 ② 7÷3

③ 5÷14 ④ 9÷21

⑤ 7÷4 ⑥ 5÷2

3 ① 2.8 ② 0.5

③ 2.75 ④ 0.75

⑤ 1.3 ⑥ 3.875

4 ① $\frac{9}{10}$ ② $\frac{27}{10}$

③ $\frac{564}{100}$ $\left(\frac{141}{25}\right)$ ④ $\frac{103}{100}$

5 ① $\frac{30}{20}$倍 $\left(\frac{3}{2}倍\right)$

② $\frac{9}{6}$ $\left(\frac{3}{2}\right)$

③ $\frac{8}{24}$ $\left(\frac{1}{3}\right)$

6 ① 8倍

② 0.125倍

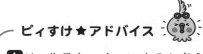

ピィすけ★アドバイス

4は、分母をいくつにするか考えよう。0.9や2.7のように小数第一位までの数のときは10を、5.64や1.03のように小数第二位までの数のときは100にするといいよ。

p.66-67 **チェック＆ゲーム**

分数のたし算とひき算

$\frac{3}{8}$	$\frac{6}{12}$	$\frac{12}{15}$	$\frac{6}{8}$	$\frac{10}{20}$	$\frac{7}{12}$	$\frac{40}{50}$	$\frac{5}{8}$	$\frac{3}{6}$	$\frac{5}{10}$	$\frac{20}{40}$
$\frac{2}{8}$	$\frac{5}{12}$	$\frac{12}{16}$	$\frac{10}{40}$	$\frac{15}{40}$	$\frac{60}{90}$	$\frac{7}{21}$	$\frac{5}{25}$	$\frac{9}{12}$	$\frac{15}{20}$	$\frac{6}{8}$
$\frac{8}{12}$	$\frac{15}{20}$	$\frac{30}{40}$	$\frac{7}{21}$	$\frac{30}{40}$	$\frac{6}{8}$	$\frac{3}{6}$	$\frac{8}{12}$	$\frac{20}{40}$	$\frac{3}{6}$	$\frac{60}{80}$
$\frac{60}{80}$	$\frac{60}{90}$	$\frac{9}{12}$	$\frac{10}{20}$	$\frac{5}{8}$	$\frac{7}{21}$	$\frac{40}{50}$	$\frac{12}{16}$	$\frac{10}{20}$	$\frac{7}{21}$	$\frac{30}{40}$
$\frac{3}{6}$	$\frac{7}{12}$	$\frac{6}{8}$	$\frac{8}{12}$	$\frac{40}{50}$	$\frac{60}{90}$	$\frac{15}{25}$	$\frac{5}{12}$	$\frac{7}{12}$	$\frac{15}{25}$	$\frac{6}{8}$
$\frac{10}{20}$	$\frac{5}{25}$	$\frac{30}{40}$	$\frac{7}{21}$	$\frac{10}{16}$	$\frac{9}{12}$	$\frac{10}{16}$	$\frac{7}{12}$	$\frac{12}{16}$	$\frac{6}{8}$	$\frac{15}{20}$
$\frac{8}{12}$	$\frac{3}{6}$	$\frac{7}{12}$	$\frac{40}{50}$	$\frac{5}{12}$	$\frac{5}{25}$	$\frac{60}{90}$	$\frac{5}{8}$	$\frac{40}{50}$	$\frac{60}{90}$	$\frac{5}{8}$

出てきた言葉 … インコ

① $\frac{5}{2}+\frac{4}{3}=\frac{23}{6}$

② $\frac{1}{6}+\frac{2}{5}=\frac{17}{30}$

$\left(\frac{2}{5}+\frac{1}{6}も可\right)$

13

1 ① （順に）　4、9
② （順に）　20、5

2 ① $\dfrac{4}{12}$，$\dfrac{3}{12}$
② $\dfrac{5}{45}$，$\dfrac{9}{45}$

3 ① $\dfrac{1}{3}+\dfrac{3}{5}=\dfrac{5}{15}+\dfrac{9}{15}$
　　　$=\dfrac{14}{15}$
② $\dfrac{3}{4}+\dfrac{1}{7}=\dfrac{21}{28}+\dfrac{4}{28}$
　　　$=\dfrac{25}{28}$
③ $\dfrac{1}{2}+\dfrac{2}{5}=\dfrac{5}{10}+\dfrac{4}{10}$
　　　$=\dfrac{9}{10}$
④ $\dfrac{1}{7}+\dfrac{1}{5}=\dfrac{5}{35}+\dfrac{7}{35}$
　　　$=\dfrac{12}{35}$

4 ① $\dfrac{1}{2}$　② $\dfrac{1}{3}$　③ $\dfrac{1}{4}$

5 ① $\dfrac{2}{3}<\dfrac{3}{4}$
② $\dfrac{5}{6}>\dfrac{7}{10}$
③ $\dfrac{3}{7}>\dfrac{2}{5}$

6 式 $\dfrac{1}{4}+\dfrac{1}{2}=\dfrac{1}{4}+\dfrac{2}{4}$
　　　　　$=\dfrac{3}{4}$　　　答え $\dfrac{3}{4}$ L

7 式 $\dfrac{3}{8}+\dfrac{3}{10}=\dfrac{15}{40}+\dfrac{12}{40}$
　　　　　$=\dfrac{27}{40}$　　答え $\dfrac{27}{40}$ kg

1 〈例〉　$\dfrac{4}{10}$、$\dfrac{6}{15}$

2 ① $\dfrac{3}{7}<\dfrac{7}{14}$
② $\dfrac{1}{3}<\dfrac{2}{5}$
③ $\dfrac{3}{4}=\dfrac{15}{20}$
④ $\dfrac{4}{3}<\dfrac{13}{9}$

3 ① $\dfrac{2}{5}+\dfrac{4}{15}=\dfrac{6}{15}+\dfrac{4}{15}$
　　　$=\dfrac{10}{15}$
　　　$=\dfrac{2}{3}$
② $\dfrac{1}{4}+\dfrac{5}{12}=\dfrac{3}{12}+\dfrac{5}{12}$
　　　$=\dfrac{8}{12}$
　　　$=\dfrac{2}{3}$
③ $\dfrac{6}{5}+\dfrac{5}{6}=\dfrac{36}{30}+\dfrac{25}{30}$
　　　$=\dfrac{61}{30}\left(2\dfrac{1}{30}\right)$
④ $\dfrac{11}{9}+\dfrac{8}{15}=\dfrac{55}{45}+\dfrac{24}{45}$
　　　$=\dfrac{79}{45}\left(1\dfrac{34}{45}\right)$

4 ① $\dfrac{1}{3}$　② $\dfrac{1}{7}$
③ $\dfrac{5}{7}$　④ $\dfrac{5}{9}$

5 ① $1\dfrac{1}{6}+\dfrac{3}{10}=1\dfrac{5}{30}+\dfrac{9}{30}$
　　　$=1\dfrac{14}{30}$
　　　$=1\dfrac{7}{15}\left(\dfrac{22}{15}\right)$

② $2\dfrac{3}{4}+1\dfrac{1}{3}=2\dfrac{9}{12}+1\dfrac{4}{12}$

$\qquad\qquad\qquad =3\dfrac{13}{12}$

$\qquad\qquad\qquad =4\dfrac{1}{12}\left(\dfrac{49}{12}\right)$

6 式 $\dfrac{1}{5}+\dfrac{3}{4}=\dfrac{4}{20}+\dfrac{15}{20}$

$\qquad\qquad =\dfrac{19}{20}$ 　　　　答え $\dfrac{19}{20}$

7 式 $1\dfrac{1}{4}+3\dfrac{1}{6}=1\dfrac{3}{12}+3\dfrac{2}{12}$

$\qquad\qquad\qquad =4\dfrac{5}{12}$

$\qquad\qquad\qquad$ 答え $4\dfrac{5}{12}$周

p.72-73 **分数のたし算** ☆☆🐾（ちょいムズ）

1 〈例〉 $\dfrac{5}{3}$、$\dfrac{20}{12}$、$\dfrac{30}{18}$

2 ① $\dfrac{6}{24}$, $\dfrac{20}{24}$, $\dfrac{9}{24}$

　　② $\dfrac{6}{12}$, $\dfrac{16}{12}$, $\dfrac{15}{12}$

　　③ $\dfrac{15}{20}$, $\dfrac{4}{20}$, $\dfrac{22}{20}$

3 ① $\dfrac{11}{20}+\dfrac{5}{12}=\dfrac{33}{60}+\dfrac{25}{60}$

$\qquad\qquad\qquad =\dfrac{58}{60}$

$\qquad\qquad\qquad =\dfrac{29}{30}$

　　② $\dfrac{5}{6}+1\dfrac{1}{8}=\dfrac{20}{24}+1\dfrac{3}{24}$

$\qquad\qquad\qquad =1\dfrac{23}{24}$

　　③ $2\dfrac{1}{3}+1\dfrac{1}{4}=2\dfrac{4}{12}+1\dfrac{3}{12}$

$\qquad\qquad\qquad =3\dfrac{7}{12}\left(\dfrac{43}{12}\right)$

④ $3\dfrac{7}{15}+2\dfrac{7}{9}=3\dfrac{21}{45}+2\dfrac{35}{45}$

$\qquad\qquad\qquad =5\dfrac{56}{45}$

$\qquad\qquad\qquad =6\dfrac{11}{45}\left(\dfrac{281}{45}\right)$

4 ① $\dfrac{2}{9}$ 　② $\dfrac{6}{7}$

　　③ $\dfrac{2}{3}$ 　④ $\dfrac{3}{4}$

5 ① $\dfrac{9}{4}>\dfrac{20}{9}$

　　② $2\dfrac{5}{6}<2\dfrac{7}{8}$

6 式 $3\dfrac{2}{7}+2\dfrac{1}{9}=3\dfrac{18}{63}+2\dfrac{7}{63}$

$\qquad\qquad\qquad =5\dfrac{25}{63}$

$\qquad\qquad$ 答え $5\dfrac{25}{63}$km $\left(\dfrac{340}{63}\text{km}\right)$

7 式 $\dfrac{1}{4}+\dfrac{1}{5}=\dfrac{5}{20}+\dfrac{4}{20}$

$\qquad\qquad =\dfrac{9}{20}$ 　　　答え $\dfrac{9}{20}$

p.74-75 **分数のひき算** 🐾☆☆（やさしい）

1 ⓐ 4

　　ⓘ 4

　　ⓤ 3

　　ⓔ 3

2 ① $\dfrac{2}{3}-\dfrac{1}{8}=\dfrac{16}{24}-\dfrac{3}{24}$

$\qquad\qquad\qquad =\dfrac{13}{24}$

　　② $\dfrac{3}{5}-\dfrac{1}{4}=\dfrac{12}{20}-\dfrac{5}{20}$

$\qquad\qquad\qquad =\dfrac{7}{20}$

③ $\dfrac{1}{6} - \dfrac{1}{7} = \dfrac{7}{42} - \dfrac{6}{42}$
$= \dfrac{1}{42}$

④ $\dfrac{3}{4} - \dfrac{1}{3} = \dfrac{9}{12} - \dfrac{4}{12}$
$= \dfrac{5}{12}$

⑤ $\dfrac{5}{6} - \dfrac{5}{12} = \dfrac{10}{12} - \dfrac{5}{12}$
$= \dfrac{5}{12}$

⑥ $\dfrac{7}{16} - \dfrac{3}{8} = \dfrac{7}{16} - \dfrac{6}{16}$
$= \dfrac{1}{16}$

3
① $\dfrac{10}{15}$, $\dfrac{3}{15}$
② $\dfrac{21}{28}$, $\dfrac{8}{28}$

4
① $2\dfrac{2}{5} - 1\dfrac{1}{3} = 2\dfrac{6}{15} - 1\dfrac{5}{15}$
$= 1\dfrac{1}{15} \left(\dfrac{16}{15}\right)$

② $3\dfrac{2}{3} - 2\dfrac{4}{7} = 3\dfrac{14}{21} - 2\dfrac{12}{21}$
$= 1\dfrac{2}{21} \left(\dfrac{23}{21}\right)$

5 式 $\dfrac{2}{3} - \dfrac{1}{2} = \dfrac{4}{6} - \dfrac{3}{6}$
$= \dfrac{1}{6}$ 　　答え $\dfrac{1}{6}$ L

6 式 $\dfrac{4}{7} - \dfrac{5}{9} = \dfrac{36}{63} - \dfrac{35}{63}$
$= \dfrac{1}{63}$ 　　答え $\dfrac{1}{63}$ kg

p.76-77 **分数のひき算** ✿✿✿（まあまあ）

1
あ 3
い 3
う 2
え 2

2
① $\dfrac{1}{4} - \dfrac{1}{6} = \dfrac{3}{12} - \dfrac{2}{12}$
$= \dfrac{1}{12}$

② $\dfrac{5}{6} - \dfrac{2}{9} = \dfrac{15}{18} - \dfrac{4}{18}$
$= \dfrac{11}{18}$

③ $\dfrac{5}{12} - \dfrac{1}{8} = \dfrac{10}{24} - \dfrac{3}{24}$
$= \dfrac{7}{24}$

④ $\dfrac{9}{10} - \dfrac{5}{6} = \dfrac{27}{30} - \dfrac{25}{30}$
$= \dfrac{2}{30}$
$= \dfrac{1}{15}$

⑤ $\dfrac{3}{4} - \dfrac{7}{20} = \dfrac{15}{20} - \dfrac{7}{20}$
$= \dfrac{8}{20}$
$= \dfrac{2}{5}$

⑥ $\dfrac{13}{15} - \dfrac{1}{6} = \dfrac{26}{30} - \dfrac{5}{30}$
$= \dfrac{21}{30}$
$= \dfrac{7}{10}$

3
① $\dfrac{2}{3} < \dfrac{7}{9}$
② $2\dfrac{5}{8} > 2\dfrac{7}{12}$

4 ① $1\frac{1}{3} - \frac{1}{2} = 1\frac{2}{6} - \frac{3}{6}$

$= \frac{8}{6} - \frac{3}{6}$

$= \frac{5}{6}$

② $2\frac{5}{6} - 1\frac{7}{9} = 2\frac{15}{18} - 1\frac{14}{18}$

$= 1\frac{1}{18} \left(\frac{19}{18}\right)$

5 式 $\frac{5}{6} - \frac{3}{8} = \frac{20}{24} - \frac{9}{24}$

$= \frac{11}{24}$ 　　答え $\frac{11}{24}$kg

6 式 $\frac{3}{5} - \frac{4}{7} = \frac{21}{35} - \frac{20}{35}$

$= \frac{1}{35}$

答え 赤いテープが$\frac{1}{35}$m長い

p.78-79 **分数のひき算** ✿✿✿ (ちょいムズ)

1 ① 3　② 7

③ 7　④ 11

2 ① $1\frac{2}{5} - \frac{1}{4} = 1\frac{8}{20} - \frac{5}{20}$

$= 1\frac{3}{20}$

② $1\frac{5}{6} - \frac{3}{4} = 1\frac{10}{12} - \frac{9}{12}$

$= 1\frac{1}{12} \left(\frac{13}{12}\right)$

③ $3\frac{3}{4} - 1\frac{3}{5} = 3\frac{15}{20} - 1\frac{12}{20}$

$= 2\frac{3}{20} \left(\frac{43}{20}\right)$

④ $2\frac{1}{7} - 1\frac{3}{14} = 2\frac{2}{14} - 1\frac{3}{14}$

$= 1\frac{16}{14} - 1\frac{3}{14}$

$= \frac{13}{14}$

⑤ $4\frac{1}{8} - 2\frac{1}{6} = 4\frac{3}{24} - 2\frac{4}{24}$

$= 3\frac{27}{24} - 2\frac{4}{24}$

$= 1\frac{23}{24} \left(\frac{47}{24}\right)$

⑥ $3\frac{2}{9} - 1\frac{8}{15} = 3\frac{10}{45} - 1\frac{24}{45}$

$= 2\frac{55}{45} - 1\frac{24}{45}$

$= 1\frac{31}{45} \left(\frac{76}{45}\right)$

3 ① $\frac{10}{20}, \frac{25}{20}, \frac{14}{20}$

② $\frac{18}{24}, \frac{15}{24}, \frac{14}{24}$

4 式 $1\frac{4}{15} - \frac{1}{4} - \frac{3}{8}$

$= \frac{152}{120} - \frac{30}{120} - \frac{45}{120}$

$= \frac{77}{120}$ 　　答え $\frac{77}{120}$L

5 式 $2\frac{11}{15} - \frac{7}{10} = 2\frac{22}{30} - \frac{21}{30}$

$= 2\frac{1}{30}$

答え 公園の方が$2\frac{1}{30} \left(\frac{61}{30}\right)$km遠い

6 式 $2\frac{5}{6} - \frac{3}{5} = 2\frac{25}{30} - \frac{18}{30}$

$= 2\frac{7}{30}$

答え $2\frac{7}{30}$kg $\left(\frac{67}{30}$kg$\right)$

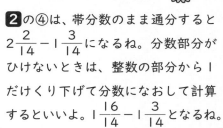

ピィすけ★アドバイス

2の④は、帯分数のまま通分すると$2\frac{2}{14} - 1\frac{3}{14}$になるね。分数部分がひけないときは、整数の部分から1だけくり下げて分数になおして計算するといいよ。$1\frac{16}{14} - 1\frac{3}{14}$となるね。

いろいろな分数のたし算、ひき算

🐾🏵️（やさしい）

1 ① $\dfrac{4}{5}$　② $\dfrac{13}{10}$

2 ① 0.4　② 4.5

3 ① $\dfrac{4}{5}+0.6=\dfrac{4}{5}+\dfrac{6}{10}$

$=\dfrac{8}{10}+\dfrac{6}{10}$

$=\dfrac{14}{10}$

$=\dfrac{7}{5}\left(1\dfrac{2}{5}\right)$

② $\dfrac{3}{4}-0.5=\dfrac{3}{4}-\dfrac{1}{2}$

$=\dfrac{3}{4}-\dfrac{2}{4}$

$=\dfrac{1}{4}$

③ $\dfrac{1}{3}+\dfrac{1}{6}+\dfrac{4}{9}=\dfrac{6}{18}+\dfrac{3}{18}+\dfrac{8}{18}$

$=\dfrac{17}{18}$

④ $\dfrac{1}{4}+\dfrac{3}{8}-\dfrac{1}{2}=\dfrac{2}{8}+\dfrac{3}{8}-\dfrac{4}{8}$

$=\dfrac{1}{8}$

4 ① 10　② 30
③ 150　④ 12
⑤ 55　⑥ 80

5 式　$1.5-\dfrac{7}{8}=\dfrac{15}{10}-\dfrac{7}{8}$

$=\dfrac{60}{40}-\dfrac{35}{40}$

$=\dfrac{25}{40}$

$=\dfrac{5}{8}$　　答え　$\dfrac{5}{8}$ L

6 式　$\dfrac{3}{4}+\dfrac{1}{6}+1\dfrac{1}{12}$

$=\dfrac{9}{12}+\dfrac{2}{12}+1\dfrac{1}{12}$

$=1\dfrac{12}{12}$

$=2$　　　　　　答え　2 kg

ピィすけ★アドバイス

4で、時間を分数で表しているね。小数で表したいときは、分子÷分母をするよ。例えば、②の30分なら30÷60で0.5時間になるね。

いろいろな分数のたし算、ひき算

🏵️🐾（ちょいムズ）

1 ① $\dfrac{3}{4}$　② $\dfrac{9}{4}$

2 ① 0.375　② 3.25　③ 1.9

3 ① $0.2+\dfrac{3}{10}=\dfrac{2}{10}+\dfrac{3}{10}$

$=\dfrac{5}{10}$

$=\dfrac{1}{2}$

② $\dfrac{3}{7}-0.3=\dfrac{3}{7}-\dfrac{3}{10}$

$=\dfrac{30}{70}-\dfrac{21}{70}$

$=\dfrac{9}{70}$

③ $\dfrac{1}{3}+0.25=\dfrac{1}{3}+\dfrac{1}{4}$

$=\dfrac{4}{12}+\dfrac{3}{12}$

$=\dfrac{7}{12}$

④ $0.75 - \dfrac{5}{7} = \dfrac{3}{4} + \dfrac{5}{7}$

$\qquad\qquad = \dfrac{21}{28} - \dfrac{20}{28}$

$\qquad\qquad = \dfrac{1}{28}$

⑤ $\dfrac{1}{3} + \dfrac{11}{8} - \dfrac{7}{12} = \dfrac{8}{24} + \dfrac{33}{24} - \dfrac{14}{24}$

$\qquad\qquad\qquad = \dfrac{27}{24}$

$\qquad\qquad\qquad = \dfrac{9}{8}\left(1\dfrac{1}{8}\right)$

4　① 27　② 3
　　③ 5　④ 60
　　⑤ 11　⑥ 10

5　式　$1.52 + 8\dfrac{12}{25} = \dfrac{152}{100} + 8\dfrac{48}{100}$

$\qquad\qquad\qquad = 8\dfrac{200}{100}$

$\qquad\qquad\qquad = 10$

答え　10km

6　式　$\square + \dfrac{3}{4} - \dfrac{1}{2} = \dfrac{11}{12}$

$\qquad\square + \dfrac{9}{12} - \dfrac{6}{12} = \dfrac{11}{12}$

$\qquad\qquad\square + \dfrac{3}{12} = \dfrac{11}{12}$

$\qquad\qquad\qquad\square = \dfrac{11}{12} - \dfrac{3}{12}$

$\qquad\qquad\qquad\quad = \dfrac{8}{12}$

$\qquad\qquad\qquad\quad = \dfrac{2}{3}$

答え　$\dfrac{2}{3}$

p.84-85　　平均

1　① 10
　　② 6
　　③ 8
　　④ 7
　　⑤ 6
　　⑥ 3

2

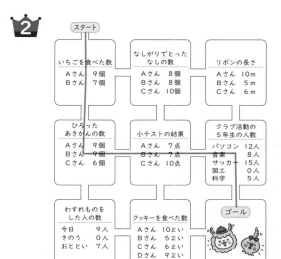

p.86-87　平均 🌸🌼（やさしい）

1　式　$(2 + 1 + 4 + 3 + 1) \div 5$

$\qquad = 11 \div 5$

$\qquad = 2.2$　　　　　答え　2.2点

2　式　$(75 + 100 + 95) \div 3$

$\qquad = 270 \div 3$

$\qquad = 90$　　　　　答え　90点

3　式　$(4 + 5 + 3 + 0 + 2) \div 5$

$\qquad = 14 \div 5$

$\qquad = 2.8$　　　　　答え　2.8人

4　式　$55 \times 10 = 550$　　　答え　550g

5 式　（5＋7＋6＋4＋8）÷5

　　　　＝30÷5

　　　　＝6　　　　　　　　答え　6皿

6 式　80×5＝400

　　　　400－310＝90　　　答え　90点

7 式　9×7＝63

　　　　63－（8.5＋9.5＋9＋10＋8.5＋7.5）

　　　　＝63－53

　　　　＝10　　　　　　　　答え　10時間

p.88-89　**平均** （ちょいムズ）

1 ① 式　（85＋83＋84＋81＋87）÷5

　　　　　＝420÷5

　　　　　＝84　　　　　　　答え　84g

　② 式　84×20＝1680

　　　　　　　　　　　　　　答え　1680g

　③ 式　（4.2kg＝4200g）

　　　　　4200÷84＝50　　答え　50個

2 式　85×4＝340

　　　　340＋90＝430

　　　　430÷5＝86　　　　答え　86点

3 式　（1350＋1700＋1450）÷3

　　　　＝4500÷3

　　　　＝1500

　　　　（1500g＝1.5kg）　　答え　1.5kg

4 式　（5時間50分＝350分）

　　　　350÷7＝50　　　　答え　50分

5 ① 式　15×18＋13×21＋7×15

　　　　　＝270＋273＋105

　　　　　＝648　　　　　　答え　648個

　② 式　648÷（18＋21＋15）

　　　　　＝648÷54

　　　　　＝12　　　　　　　答え　12個

p.90-91　**チェック＆ゲーム**

単位量あたりの大きさ

① と

② う

③ た

④ よ

⑤ き

⑥ と

⑦ う

⑧ よ

ならべかえると … とうきょうとたよ

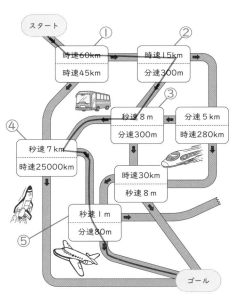

※計算

① 省略　② 省略

③ 秒速8mを分速になおすと

　8×60＝480

④ 秒速7kmを時速になおすと

　7×60×60＝25200

⑤ 秒速1mを分速になおすと

　1×60＝60

20

単位量あたりの大きさ

🌼☆☆（やさしい）

1 ① A

② A

③ 〈Bの部屋〉 14÷8＝1.75

〈Cの部屋〉 15÷10＝1.5

答え B

④ A → B → C

2 ① 〈A〉式 3000÷12＝250

答え 250kg

〈B〉式 1920÷8＝240

答え 240kg

② A

3 式 75000÷20＝3750

答え 3750人

4 式 600÷40＝15 答え 15km

p. 94-95 **単位量あたりの大きさ**

☆🌼☆（まあまあ）

1 ① 〈A〉 式 20÷40＝0.5

答え 0.5m²

〈B〉 式 12÷30＝0.4

答え 0.4m²

② B

③ 式 9÷20＝0.45 答え 0.45m²

④ B → C → A

2 ① 〈赤〉式 150÷0.6＝250

答え 250円

〈青〉式 240÷0.8＝300

答え 300円

② 赤いリボン

3 式 24000÷6＝4000

答え 4000人

4 式 360÷3＝120 答え 120g

p. 96-97 **単位量あたりの大きさ**

☆☆🌼（ちょいムズ）

1 ① 〈東小〉

式 980÷12250＝0.08

答え 0.08人

〈西小〉

式 540÷6480＝0.0833…

答え 0.083人

② 〈東小〉

式 12250÷980＝12.5

答え 12.5m²

〈西小〉

式 6480÷540＝12

答え 12m²

③ 西小

2 ① 〈A町〉

式 24100÷51＝472.5…

答え 473人

〈B町〉

式 20800÷39＝533.3…

答え 533人

② B町

3 式 18÷20＝0.9（1m²あたり）

27÷0.9＝30 答え 30m²

21

速さ 🐾◌◌（やさしい）

1
① りくさん
② りくさん
③ 〈まきさん〉 200÷40＝5
〈れんさん〉 210÷50＝4.2
④ まきさん
⑤ りくさん → まきさん → れんさん

2 式 180÷3＝60　　答え 時速60km

3 ① 式 80×4＝320　答え 320km
② 式 200÷80＝2.5
（2.5時間＝2時間30分）
答え 2時間30分

4 式 800×12＝9600　答え 9600m

5 式 180÷1.5＝120　答え 120秒

速さ ◌🐾◌（まあまあ）

1
① 速さ＝道のり÷時間
② 道のり＝速さ×時間
③ 時間＝道のり÷速さ

2
① 式 190÷5＝38
答え 時速38km
② 式 108÷3＝36
答え 時速36km
③ 車

3 式 300×12＝3600　答え 3600m

4 式 （12km＝12000m）
12000÷240＝50　答え 50秒

5 〈分速〉式 7500÷5＝1500
答え 分速1500m
〈時速〉式 1500×60＝90000
（90000m＝90km）
答え 時速90km

6
① 600
② 75
③ 250
④ 900

速さ ◌◌🐾（ちょいムズ）

1
① 式 （2時間30分＝2.5時間）
540÷2.5＝216
答え 時速216km
② 式 216÷60＝3.6
答え 分速3.6km（分速3600m）
③ 式 （3.6km＝3600m）
3600÷60＝60
答え 秒速60m

2
① 15
② 900
③ 70
④ 252
⑤ 14.4
⑥ 864

3 式 （90分＝1.5時間）
54×1.5＝81　　答え 81km

4 式 140×60＝8400（m）
（8400m＝8.4km）
8.4×50＝420　答え 420km

5 式 340×4＝1360　答え 1360m

6 式　（48km＝48000m）

48000÷60＝800（分速）

800×15＝12000

（12000m＝12km）

※48×0.25も可　　答え　12km

ピィすけ★アドバイス

3は、速さが時速で表されているか
ら、90分を時間になおして計算す
るといいね。

90分＝90÷60で1.5時間だよ。

p. 104-105 ### チェック＆ゲーム

図形の面積

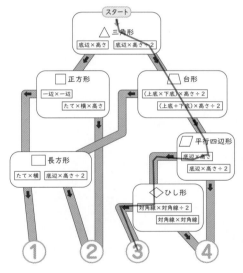

2　① オ

② タ

③ カ

④ ラ

⑤ ハ

⑥ サ

⑦ シ

---

p. 106-107 ### 図形の面積 🐾☁☁（やさしい）

1　① 平行四辺形

② （順に）　底辺、高さ、2

③ （順に）　5、2、20

2　① 式　4×3＝12　　答え　12cm²

② 式　5×2＝10　　答え　10cm²

3　① 式　3×4÷2＝6　　答え　6cm²

② 式　8×12÷2＝48

答え　48cm²

③ 式　（2＋6）×4÷2＝16

答え　16cm²

④ 式　（5＋3）×4÷2＝16

答え　16cm²

⑤ 式　6×7÷2＝21

答え　21cm²

p. 108-109 ### 図形の面積 ☁🐾☁（まあまあ）

1　① 式　7×3＝21　　答え　21cm²

② 式　6×8÷2＝24　　答え　24cm²

③ 式　（8＋4）×5÷2＝30

答え　30cm²

2　① 式　12÷3＝4　　　答え　4cm

② 式　24÷6×2＝8　　答え　8cm

※6×□÷2＝24も可

3　式　6×10÷2＝30　　答え　30cm²

4　① あ　12cm²

い　12cm²

う　24cm²

② 〈例〉高さが同じで、底辺の長さが
2倍の三角形だから、面積も
2倍になる。

5 式 27×(18−3)=405

答え　405m²

p. 110-111 **図形の面積** ☺☺✿（ちょいムズ）

1 ① 式 9×6＝54　　答え　54cm²

② 式 3.5×6÷2＝10.5

答え　10.5cm²

③ 式 4×12÷2＝24　答え　24m²

④ 式 12×12×2＝288

答え　288m²

2 式 （3＋7）×□÷2＝25

5×□＝25

25÷5＝5　　　答え　5m

3 ① 式 （27−6）×（18−3）

＝21×15

＝315　　　答え　315cm²

② 式 5×6÷2＋5×8÷2

＝15＋20

＝35　　　答え　35cm²

4 ① 高さ

② 20

③ EBC

④ 同じ（等しい）

割合

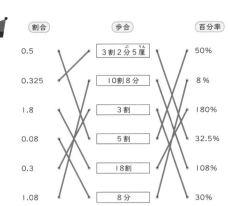

割合		歩合		百分率
0.5		3割2分5厘		50%
0.325		10割8分		8%
1.8		3割		180%
0.08		5割		32.5%
0.3		18割		108%
1.08		8分		30%

2 ① B

（A→160円、B→150円、C→170円）

② C

（A→1350円、B→1400円、

C→1275円）

③ A

（A→3425円、B→3562円、

C→3850円）

p. 114-115 **割合** ✿☺☺（やさしい）

1 ① 10題、8題

② 5本、3本

2 ① 85%

② 120%

③ 200%

3 ① 0.03

② 0.75

③ 1.25

4 ① 0.75

② 40

5　① もとにする量

　　② 比べられる量

6　式　120×0.45＝54　　　　　答え　54人

7　式　120÷0.8＝150

　　　　　　　　　　　　　　答え　150ページ

8　式　4600×0.25＝1150

　　　　4600−1150＝3450

　　　　　　　　　　　　　　答え　3450円

ピィすけ★アドバイス

7は、120ページが80%だから、全体のページ数は120より大きくなるよ。

p.116-117　**割合** ☺️😳☺️（まあまあ）

1　① 0.98

　　② 7%

　　③ 400%

2　① 25

　　② 156

　　③ 120

3　式　3÷12＝0.25　　　答え　25%

4　式　85×0.6＝51　　　答え　51人

5　式　7500÷0.25＝30000

　　　　　　　　　　　　　答え　30000円

6　① もとにする量 … 公園の面積

　　　比べられる量 … しばふの面積

　　② 式　288÷640＝0.45

　　　　　　　　　　　　答え　0.45

7　① 式　330÷（1＋0.1）＝300

　　　　　　　　　　　　答え　300円

　　② 式　330×0.2＝66

　　　　330−66＝264

　　　　　　　　　　　　答え　264円

p.118-119　**割合** ☺️☺️😳（ちょいムズ）

1　① 2%　　② 91%

　　③ 260%　　④ 183%

2　① 0.03　② 0.16

　　③ 1.07　④ 2.25

3　式　14÷35＝0.4　　　答え　0.4

4　式　72÷96＝0.75　　　答え　75%

5　① 式　12×0.65＝7.8

　　　　　　　　　　　　答え　7.8km

　　② 式　12−7.8＝4.2　　答え　4.2km

6　式　1095÷0.75＝1460

　　　　　　　　　　　　答え　1460円

7　式　450×（1＋0.2）＝540

　　　　　　　　　　　　答え　540g

割合とグラフ 🐾🌸（やさしい）

1 ① 帯グラフ

② カレーライス　32%

ハンバーグ　24%

焼きそば　19%

肉じゃが　10%

からあげ　7%

その他　8%

③ 3.2倍

④ 〈カレーライス〉

式　400×0.32＝128

答え　128人

〈ハンバーグ〉

式　400×0.24＝96　答え　96人

2 ① 地区別の子どもの人数

② 南町　40%

東町　27%

③ 2倍（2.2倍）

④ 式　200×0.18＝36　答え　36人

割合とグラフ 🌸🐾（ちょいムズ）

1 ① あ　45

い　40

う　26

え　13

お　7

② $\frac{1}{5}$

③
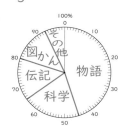

2 ① 2020年

② 5倍

③ 2000年　190人

2020年　108人

④ 2000年

チェック＆ゲーム

正多角形と円

👑 ① ウ、カ、シ、エ

② エウレカ！

👑 2
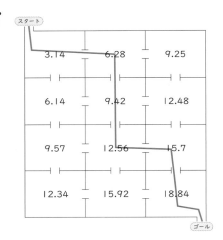

正多角形と円 🌸🌼🌼（やさしい）

1 ① 記号　い

名前　正六角形

② 記号　え

名前　正八角形

③ 記号　か

名前　正五角形　※順不同

2 ① 円周÷直径

② 直径×円周率

3 ① 式　$10 \times 3.14 = 31.4$

答え　31.4cm

② 式　$6 \times 3.14 = 18.84$

答え　18.84cm

4 ① 式　$9.42 \div 3.14 = 3$　答え　3cm

② 式　$62.8 \div 3.14 = 20$

答え　20cm

5 式　$5 \times 2 \times 3.14 \div 2 + 5 \times 2$

　　　$= 15.7 + 10$

　　　$= 25.7$　　　　答え　25.7cm

ピィすけ★アドバイス

5の式は、半円の円周の長さだから÷2をつけて$5 \times 2 \times 3.14 \div 2$となるよ。直線部分の$5 \times 2$をたすのをわすれずにね。

---

p.128-129　**正多角形と円** 🐾（まあまあ）

1 ① 6つ

② 角あ　60°

　　角い　60°

　　角う　120°

2 ① 120°

② 60°

③ 45°

---

3 ① 式　$8 \times 3.14 = 25.12$

答え　25.12cm

② 式　$10 \times 2 \times 3.14 = 62.8$

答え　62.8cm

4 式　$125.6 \div 3.14 = 40$　答え　40cm

5 ① 式　$20 \times 2 \times 3.14 = 125.6$

　　　$125.6 \div 4 \times 3 = 94.2$

　　　$94.2 + 20 \times 2 = 134.2$

答え　134.2cm

② 式　$5 \times 2 \times 3.14 = 31.4$

答え　31.4cm

ピィすけ★アドバイス

5は、$\frac{1}{4}$欠けている円ということに注目！円周の長さを求めたあとに「$\div 4 \times 3$」をすることで、4つに分けたうちの3つ分の円周の長さがわかるね。直線部分の20×2をたすのをわすれずにね。

---

p.130-131　**正多角形と円** 🐾（ちょいムズ）

1 ① 72°

②

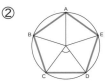

③ 二等辺三角形

2 式　$9 \times 2 \times 3.14 - 5 \times 2 \times 3.14$

　　　$= (18 - 10) \times 3.14$

　　　$= 25.12$　　　答え　25.12cm

3 ① 式　12×3.14＝37.68

　　　　　　　　　　答え　37.68cm

　② 式　9×2×3.14＝56.52

　　　　　　　　　　答え　56.52cm

4 式　157÷3.14÷2＝25

　　　　　　　　　　答え　25cm

5 式　10×2×3.14÷2＋10×3.14

　　＝31.4＋31.4

　　＝62.8　　　　　答え　62.8m

6 式　10×3.14＋15×2

　　＝31.4＋30

　　＝61.4　　　　　答え　61.4m

p.132-133　**チェック＆ゲーム**

角柱と円柱

 ③

 ① 六角柱

　② 円柱

　③ 八角柱

p.134-135　**角柱と円柱** 🐾🌼（やさしい）

1 ① ㋐　三角柱

　　㋑　五角柱

　　㋒　六角柱

　　㋓　円柱

　② ㋐　3つ

　　㋑　5つ

　　㋒　6つ

　　㋓　1つ

　③（上から順に）　平行、すい直

2 ① 辺AF

　　辺BG

　　辺CH

　　辺DI

　　辺EJ　※順不同

　② 辺GH

　③ 辺BG

　　辺CH

　　辺DI

　　辺EJ　※順不同

3
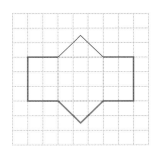

p.136-137　**角柱と円柱** 🌸🌼（ちょいムズ）

1 角柱　㋒、㋔

　円柱　㋑、㋕　※順不同

2 ① 六角形

　② 6つ

　③ 12個

　④ 18本

3 ① 面㋐、面㋕　※順不同

　② 5cm

　③ 15cm

　④ 点C、点I　※順不同

4 ① 2cm

　② 長方形

　③ たて　3cm

　　横　12.56cm

④

〈例〉
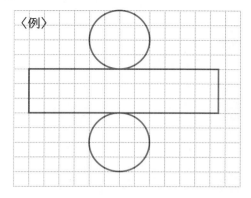

p.138-139　**5年生のまとめ ①**

1 ① （順に）　2、7、0、6
　　② 5483

2 ① 15×3.7

```
     1 5
  ×  3.7
   1 0 5
   4 5
   5 5.5
```

② 3.2×2.6

```
     3.2
  ×  2.6
   1 9 2
   6 4
   8.3 2
```

③ 0.38×2.5

```
     0.3 8
  ×    2.5
   1 9 0
   7 6
   0.9 5 0
```

④ 6÷1.5

```
         4
  1.5)6 0
      6 0
        0
```

⑤ 9.2÷2.3

```
         4
  2.3)9.2
      9 2
        0
```

⑥ 19.6÷2.8

```
           7
  2.8)1 9.6
      1 9 6
          0
```

3 あ、え　※順不同

4 ① 式　6×5×3＝90
　　　　　　　　　答え　90cm³
② 式　6×6×6＝216
　　　　　　　　　答え　216m³
③ 式　〈例〉5×3×3＝45
　　　　　　　　5×8×(6−3)＝120
　　　　　　　　45＋120＝165
　　　　　　　　　答え　165cm³

5 ① 辺DE　3cm
② 辺DF　2cm

6 式　5÷0.45＝11あまり0.05
　　　答え　11ぱい分できて0.05Lあまる

ピィすけ★アドバイス

4の③は、2つに分けてたす方法
と、大きな直方体からひくやり方が
あるね。
大きな直方体からひくと、
5×8×6−5×5×3＝165
となるよ。

5年生のまとめ ②

1 ① 8の倍数　8、16、24

　　12の倍数　12、24、36

② 24

2 ① $\dfrac{2}{5}$

② 0.375

③ $\dfrac{47}{100}$

3 ① $\dfrac{3}{4} + \dfrac{1}{6} = \dfrac{9}{12} + \dfrac{2}{12}$

　　　　　　$= \dfrac{11}{12}$

② $2\dfrac{1}{3} + 1\dfrac{1}{4} = 2\dfrac{4}{12} + 1\dfrac{3}{12}$

　　　　　　　　$= 3\dfrac{7}{12}$

③ $\dfrac{7}{8} - \dfrac{1}{6} = \dfrac{21}{24} - \dfrac{4}{24}$

　　　　　　$= \dfrac{17}{24}$

④ $2\dfrac{2}{3} - 1\dfrac{4}{7} = 2\dfrac{14}{21} - 1\dfrac{12}{21}$

　　　　　　　　$= 1\dfrac{2}{21}$

4 ⓐ 70°

　　ⓘ 70°

5 式　$(78+86+97) \div 3 = 87$

　　　　　　　　答え　87点

6 ① 式　$260 \div 4 = 65$

　　　　　　　答え　時速65km

② 式　（8.5km＝8500m）

　　　　$8500 \div 250 = 34$

　　　　　　　　答え　34分

③ 式　（5分間＝300秒）

　　　　$7.9 \times 300 = 2370$

　　　　　　　答え　2370km

5年生のまとめ ③

1 ① 40%　② 75%

③ 0.36　④ 1.2

2 ① 2220

② 20

3 式　$30 \times 1.6 = 48$　　　　答え　48人

4 式　$3500 \times (1+0.15) = 4025$

　　　　　　答え　4025円

5 ① 式　$4 \times 7 = 28$　　答え　28cm²

② 式　$6 \times 5 \div 2 = 15$

　　　　　　答え　15cm²

③ 式　$(2+12) \times 6 \div 2 = 42$

　　　　　　答え　42cm²

6 ① 円柱

② 式　$8 \times 2 \times 3.14 = 50.24$

　　　　答え　50.24cm